무브업
MOVE UP

Elaine Sung
(성일레인) —— 著

陳汶綉 —— 譯

年薪翻倍的向上轉職法

**六個讓你從B級到S級
越來越值錢的職能心法**

高寶書版集團

目錄
Contents

推薦序 … 011

前言 … 015

開始向上轉職前的確認事項① … 018

開始向上轉職前的確認事項② … 020

PART 1
職涯也需要變化球

第一章　緩慢的成長無法讓你成功　023
　　我如何在三十多歲時成為大型企業的專門委員？　024
　　改變我的職涯圖表　029

第二章　在職涯投出變化球的人　037
　　對抗人們的偏見　038
　　在職涯投出變化球　040
　　達成顛覆性成長的品牌　048
　　職涯中需要匱乏和抗拒　052

PART 2
製造出變化球的六個職場習慣

第三章	分辨煤氣燈操縱及輔導的差異	057
	拒絕被煤氣燈操縱控制	058
	戰勝職場煤氣燈操縱的三個步驟	065
第四章	對金錢誠實	071
	必須對金錢誠實的原因	072
	我的價值就會成為我的職業	079
第五章	厚臉皮地宣傳自己	087
	為什麼要主動出擊宣傳自己	088
	宣傳自己的五個方法	092
	至今仍害怕宣傳自己的原因	098
第六章	脫離舒適圈,追尋讓你感到不舒服的事物	103
	你是通才還是專才?	104
	在公司裡,通才致勝	109
	成為通才的方法	115
第七章	問「為什麼」	123
	為什麼要問「為什麼」?	124
	真的「為什麼」vs. 假的「為什麼」	129

目錄 Contents

第八章　善用名為「敏感」的武器　　135
　　敏感也無所謂　　136
　　如何培養感性洞察力　　142

PART 3　Elaine 職涯諮詢中心

第九章　跳槽與輪調　　147
　　Q1・在公司內看不到願景　　148
　　Q2・我想跳槽，提升我的薪資　　152
　　Q3・我在同一間公司待了 10 年，我會被淘汰嗎？　155
　　Q4・害怕公司內的調職　　161
　　Q5・我待的公司是一個夕陽產業　　165

第十章　工作的價值和意義　　171
　　Q1・我的工作好像是後勤部門的工作　　172
　　Q2・我並不是決策會議中的一員，
　　　　等我升職後，就會好轉了吧？　　176
　　Q3・我為什麼要這麼努力工作呢？　　180

目錄
Contents

第十一章　認可與薪水　183
　Q1・我的薪水跟朋友相比太少了　184
　Q2・其他設計師比我更受他人認可　188
　Q3・我是否該推銷自己？雖然這與我的個性不符　191
　Q4・每次評價都是 B 級，

　　　我想成為被評價為 S 級的人才　194

第十二章　人際關係與領導能力　199
　Q1・我跟組長太不合了　200
　Q2・隔壁組的組員被職場性騷擾了　203
　Q3・我提過許多團隊內的問題，卻還是沒有改變　206
　Q4・職業婦女該如何掌握工作與生活的平衡？　209
　Q5・團隊中只有我一個人是女性，

　　　覺得很孤單，我該如何和他人相處？　212

推薦序

　　每個人都夢想著成長，但並非每個人都有所成長。這段時間，我見過許多大幅躍進的人，也見過許多停滯不前的人。我認為這種差異是出自於眼界以及對於成長的欲望。我一直認為，建立遠大的成長目標和強烈渴望成長比才能更為重要。本書是一個為了成長，接連不斷地樹立遠大目標並持續面對挑戰的故事。這是一本寫給懷抱著成長的夢想，卻遭遇挫折，希望情況有所好轉、努力不懈的人們的必讀好書。同時，我也期盼本書能成為指導年輕一代而感到煩惱的領導階層的參考書籍。

——黃炫植　LG U+ 代表理事

　　對於社會人士和企業家來說，累積的職業生涯就等同於他們的人生。在這個充滿不確定性、難求整體成長的時代，唯有創新才能實現穩定。

　　許多人都十分好奇自己五年或十年後會是什麼模樣。與其好奇，倒不如夢想著自己主導的未來吧。從這個觀點出發，這本書忠實地呈現了自己邁向未來的方法。正如作者所說，真心期盼各位能夠看清大局、了解脈絡並主導工

作,透過破壞性的升級追求革新。在有許多煩惱的時代、需要溝通和同理心的此刻,本書會成為各位珍貴的能量。

——李東賢　新韓金融集團代表理事

　　至今為止二十幾年來,我曾作為公司員工、兩次新創共同創辦人以及專業經理人,有過拔擢及培養千餘名人才,並與其共同取得成果的經驗。

　　這段時間,我從大幅成長或成功的人身上發現了三個共同點。首先是專注,其次是敢於嘗試困難的勇氣,最後則是非達成不可的決心。Elaine親身經歷過後,透過本書傳達出她的實際經驗。看著她逐漸步入成功的激烈職場之旅,我彷彿身歷其境般興奮不已。看著她面臨如此大膽的挑戰時,也會產生「需要做到這種程度嗎?」的想法,然而,對於夢想著向上轉職的讀者們來說,Elaine這本指南也許會成為各位的必讀聖經。

——尹賢俊　Job Korea×Albamon代表理事

　　我認為,人們從來沒有像近來一樣,如此為職業生涯煩惱。無論在公司內擔任何種階級或職位,許多人都十分煩惱該如何累積成功的職涯經歷,同時實現人生目標。在這種時代,韓國國內最年輕的大企業主管所給予的建議,一定能觸動每個人。尤其是作者戰勝公司內對於她無數偏

見的經歷十分有趣。每個人都在公司裡，都會經歷各種偏見和牽制，有些人能夠克服並成長；有些人則會萎靡不振。同樣經歷過二十五年的職場生活的我也同樣學會了「想好好工作，就不能無條件地對某人親切，必須鞏固自己界線、守護自己人」。我希望年輕的領袖們知道，一味的親切或只高喊著「好」對於公司和自己來說，都不是個坦蕩的行為，希望各位能更坦蕩自信地累積職涯經驗並加以成長。作者親切地寫下自身經驗和訣竅撰寫而成的本書，不僅能為剛開啟職涯的社會新鮮人、也能為三十歲後半的讀者們帶來全新的職涯見解。

——高仁浩　前韓國索尼互動娛樂代表理事

前言

「Move up」用韓文解釋就是「出世」的意思，將「出世」兩個字拆開來解釋，就是移出的「出」、世界的「世」，換句話說就是移往另一個世界，在發想這本書時，原定的書名是「移向另一個世界 Move up to another world」。

仔細回想，我已經離開了五年前的世界，在一個完全不同的領域，與新的同事們一同懷抱著更遠大的宏圖、領著更優渥的薪資，展開全新的職涯。

以前的我工作量大、賺得少，現在的我工作量少、賺得多；以前的我沒有協商薪資的空間，只能接受他人提出的薪資，現在的我不僅能協商薪資，也能主動先提出我所期望的薪資；以前的我很在意他人的看法，甚至連自己的心情都會被上司的心情左右，現在的我不在意他人想法了；以前的我做著重複性高、無關緊要的工作，現在的我做著新鮮的、舉足輕重的工作；以前的我聽從決策，採取相應的行動，現在的我親自做出重要的決策；以前的我配合他人時間，現在的我自己分配時間；以前的我口是心非，現在的我心口如一；以前的我將責任交由別人去扛；現在的我為我的表現和行為負責。

進入了另一個世界，代表了三個層面的自主——就是時間、空間和工作的自主權。如今在 LG U+ 擔任專任委員，我的時間和空間自主權受到了保障。一般的正職員工每週工時若是超過 52 小時就必須向上呈報，但我可以依照自己的意願工作，也可以在自己選擇的空間工作，最重要的是工作內容的自主權。提出新專案、調配執行專案的人員、控制預算以及完成項目——我掌管了整個過程。像這樣擁有時間、空間以及工作的自主權並不代表全然的自由，自主權與責任密不可分，我必須為我的表現負責。即便我每天都不準時上下班，只要我能為公司帶來最大的效益，下次晉升的機會仍是我的；另一方面，我深刻體認到了即便我每天上下班、努力工作，倘若不能取得成果，我深愛的公司仍舊沒有我的容身之處。

一直以來，比起安穩，我寧願選擇變化；與其順行，我情願逆行；比起看別人臉色，我更傾向以自我為中心來爭取我的職涯成就。得益於此，我橫跨製造業至金融業、從 MBA 延伸至設計學碩士，現在更進一步朝著設計思考方法論專家前進。雖然前路漫漫，但看到許多人在職涯猶豫不決，我想盡可能忠實地寫下我的歷程，希望我的故事能對他們有所幫助。

我寫下從無止盡地看職場上司臉色、被牽著鼻子走的時期起（PART.1），至過去五年來使我的職涯飛躍性成長

的六個因素（PART.2），而後擔任哥倫比亞 MBA 新生官方導師、為眾多 LG U+ 新人進行職涯輔導，以及在讀書會執教職涯課程以來所累積的無數職場生活及職業相關的訣竅（PART.3）。現在正在閱讀這本書的讀者中，一定有一些人不認同我的價值觀，也有許多人的成長遠勝於我，如果你是兩者其一，請你大膽地拒絕聽從我的成長公式——正如我一直以來曾拒絕聽從過無數建議一樣。直至目前，我在工作上遇過的人數以千計，大部分的人看起來都十分平凡無奇卻各有優勢，也有人是時隔幾年再相會已獲得飛躍性成長。至少，我希望對這本書產生好奇心的讀者，能夠熱愛自己的工作、為尋找更佳的方向而思考。由衷期盼各位讀者能找回自我，使職涯「向上轉職」，同時，也希望本書可以成為各位的一盞小明燈。

特別感謝 DASANBOOKS 李汝虹女士陪伴我寫這本書。寫書寫累了，就在爸媽家度過一、兩個小時的療癒時光，謝謝兩位製造了世界上最溫暖的安樂窩。

此外，我還要向默默支持我堅持將 2023 年所有休假及週末都當成「寫作時間」的靈魂伴侶曹昌熙先生表達我的愛意。

最後，想向為我帶來許多靈感的 LG U+ 同事們以及上班族們說：Let's move up together!

開始向上轉職前的確認事項①

向上轉職平衡遊戲（將符合你狀況的描述打 ✓）

1	公司裡知道我名字的人已過半數。	公司裡知道我名字的人未過半數。
2	公司裡知道我在做什麼工作的人已過半數。	公司裡知道我在做什麼工作的人未過半數。
3	公司裡偏向於由我開始並主導工作。	公司裡偏向由他人開始變主導工作。
4	如果我在公司裡做的工作消失了，明天就必須雇用他人來完成。	如果我在公司裡做的工作消失了，幾個月內都不需要雇用他人來完成。
5	在公司裡比起我找他人幫忙，他人比較常找我幫忙。	在公司裡比起他人找我幫忙，我比較常找他人幫忙。
6	在公司裡，我做的工作由我負責。	在公司裡，我做的工作由他人負責。
7	在公司裡，大多由我做決定。	在公司裡，是由他人決定我的工作。
8	在公司裡，是他人配合我的時間。	在公司裡，是我配合他人的時間。
9	在公司裡，想見我的人比較多。	在公司裡，我想見的人比較多。
10	在公司裡，有許多人在我的背後議論我。	在公司裡，沒有人在我的背後議論我。
11	在公司裡，我是聽匯報的人。	在公司裡，我是撰寫報告的人。
12	在公司裡，有許多人擔心我的安危。	在公司裡，沒任何人好奇我的私生活。

13	我請假或休假時,會有公司的人嘗試聯絡我。		我請假或休假時,沒有公司的人會嘗試聯絡我。	
14	在公司裡,有許多人會徵詢我的意見。		在公司裡,有許多人會調查客觀事實。	
15	如果外界得知我在公司裡從事的業務,會替公司帶來損失。我所做的事情是最高機密。		即便我在公司裡從事的業務被外界得知,也不會產生任何影響。沒有任何記者好奇我從事的業務。	
16	我的工作日程由我安排。		我的工作日程要配合他人安排。	
17	我知道最終決策的理由。		我不知道最終決策的理由,我只是被告知而已。	
18	若我尚未進入會議,會議就不會進行。		即便我不參加會議(或即便我晚到),仍舊會進行會議。	
19	他人好奇我的行程。		他人不好奇我的行程。	
20	每週有兩次以上會與業務上沒有直接關係的人一起喝下午茶或用餐。		只與業務上有直接關係的人一起喝下午茶或用餐。	
21	就算我立刻離開公司,我也可以維持現有薪資。		若是我立刻離開公司,我就無法維持現有薪資。	

結果 計算左側打勾的總數。

獲得 **15 個以上**:已經達成向上轉職的階段。

獲得 **10 ～ 14 個**:正一步步進行向上轉職的階段。

獲得 **6 ～ 9 個**:才剛展開向上轉職的階段。

獲得 **0 ～ 5 個**:必須展開向上轉職的階段。

開始向上轉職前的確認事項②

向上轉職填空

1. 在公司第一次發信給第一次發信的對象會感到 ▭
2. 在公司打電話給第一次通話的對象會感到 ▭
3. 在公司裡和第一次進行會議的對象提出會議邀請會感到 ▭
4. 在公司裡在電話中向不認識的對象介紹自己時,對方的反應是 ▭
5. 如果我今天立刻辭職,他人會感到 ▭
6. 如果他人在我的會議上遲到 30 分鐘以上,我會 ▭
7. 在我主導的業務上,我需要他人的 ▭
8. 公司是讓我 ▭ 的地方
9. 公司需要我的 ▭
10. 公司可以保障我的 ▭ 結果

> **結果**
>
> 　　如果第 1 至第 3 題的答案為恐懼,就表示處於向上轉職前的階段;反之,則是正在執行向上轉職的階段。

如果第 4 題的答案為對方不認識或是覺得討厭，就表示處於向上轉職前的階段；反之，則是正在執行向上轉職的階段。

如果第 5 題的答案為其他人對我離職沒什麼反應，就表示處於向上轉職前的階段；若是覺得可惜，則是正在執行向上轉職的階段。

如果處於第 6 題的狀況時，無法對他人說出「這樣不對」，就表示處於向上轉職前的階段；反之，則是正在執行向上轉職的階段。

如果第 7 題的答案是需要他人的同意，就表示處於向上轉職前的階段；若是需要他人的幫助，則是正在執行向上轉職的階段。

如果第 8 題的答案是覺得痛苦，就表示處於向上轉職前的階段；若是覺得幸福，則是正在執行向上轉職的階段。

如果第 9 題的答案是幾基本工時或出勤，就表示處於向上轉職前的階段；若是創造力、想法等，則是正在執行向上轉職的階段。

如果第 10 題的答案只保障了如薪資等很基本的事物，就表示處於向上轉職前的階段；反之，則是正在執行向上轉職的階段。

PART 1
職涯也需要變化球

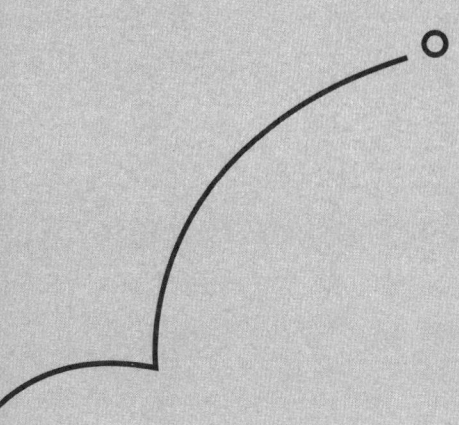

第一章

緩慢的成長無法讓你成功

我如何在三十多歲時
成為大型企業的專門委員？

　　正如許多學生一樣,我在就學時也無法理解為何要上學,要我學習我就學習、我考試我就考試、要我上好大學我就照辦,完全不曾思考未來要做什麼,就只是交了申請書,念了大學,而就業也同樣是上述過程的延伸,我也把就業當成學校,同樣視為理所當然,認為這是我該做的事。

　　我自 2005 五年 1 月起所展開的職涯,就只是一條平滑的直線,並沒有太大的變化。就像其他人一樣,從主任、課長、組長一路晉升上去,就這樣過了十二年,我相信自己已經成為消費者品牌的專家,然而,我薪資的漲幅卻與物價的漲幅大同小異。 2005 年時,我的年薪為 3,000 萬韓元[1];2017 年時,我的年薪為 6,000 萬韓元。雖然光看數字,薪資漲幅達到兩倍,但以上升的速度來看,每年只漲了 5% 至 6%。升職這點也一樣,雖然看起來很快速,但我在請產假和育嬰假時,都分別錯過了一次晉升機會,仔細算起

1　約為台幣 70 萬。

來，晉升速度其實與一般男性員工相去不遠。

2017 年，我在一次穩操勝券的晉升競爭中落馬，我第一次思考為何我一直以來都未能得到認可。就學時期，因為人們的期待值很低，所以我可以輕鬆的心態應對。我對那些持反對意見的人們提出的意見充耳不聞，默默地走我的路。然而，在公司裡卻不同，因為上司會給予評價，我不能無視他們的建議，也不能隨心所欲，十二年來，我就這樣只在上司規定的範疇內工作。我的職涯中最重要的就是上司的飯碗。為了上司加班、聚餐、為了上司忍受不公不義。有一位同事散佈了我的惡意謠言，並在吸菸區域公然誹謗我，雖然我想將此事向上呈報，卻在上司的勸阻之下，選擇壓下作罷。

「對不起，但他工作表現很好，妳就當沒這回事吧。」

因為未來還得推出一個全新品牌，還必須提升銷售額，當時的我，比起名譽更重視團隊合作；比起正義，我更看重晉升，但我得到的回應卻是「今年恐怕很難升上 G6（事業部長級）了，對不起」。

上司終究不會為我的未來負責。2017 年是我首次開始思考是否該聽從他們所說的話、做他們指派的事情。當我得知自己晉升失敗時，我請教上司未來職涯的建議。

「因為妳年輕，所以才會落選，明年應該就沒問題了。」

「成就更具體一點會更好。」

「展現出更專注於公司事務的樣貌會更好。」

雖然上司提出了各式各樣的意見，但我總覺得自己至今以來所做的事情遭人視而不見。年齡並非我能控制的，只要有能力，獲得破格晉升的人也不在少數。

我也不斷達成成就，認真工作、為公司奉獻；我對上司一片忠誠，換來的卻是老生常談的建議。反正上司又不會為我的職涯負責，那上司說的話又有什麼意義？雖然乍聽之下，似乎是對下屬的建議，但終究不過是為了讓自己輕鬆工作，擅自決定下屬的界線罷了。

泰國飼養大象時，會把小象綁在一根棍子上。當牠發現自己不管再怎麼行動，都無法越過棍子設下的界線時，牠就會逐漸放棄前往更寬闊的地方。隨著時間流逝，大象越長越大，雖然牠已經大到了能擺脫棍子設下的界線了，牠卻彷彿已經習慣了那個界線，再也無法越過。

我彷彿變成了那頭大象。直到那時，才意識到我必須打破上司設下的職涯界線，就像就學時期打破他人為我設下的界線一樣。我決定推翻上司所說的話。接著，我開始重新構思我的職涯。

「年齡不是問題，我明明是最年輕的組長，為什麼不能成為最年輕的事業部長？」

「沒有具體績效的人都能當事業部長了，為什麼我要

接受這種評價？」

「我失去了工作與生活的平衡，善盡職責，為什麼卻在晉升時滑鐵盧？」

直到喊出「可惡，那是你個人的想法！」時，職涯才能得到顛覆性的成長。只有你能決定自己的界線、決定自己要走的路時才能成功。

2017 年，當我決定從 CJ 辭職，我的年薪是 6,000 萬韓元。五年後的今日，我的年薪提高了數倍，晉升為大企業最年輕的專任委員。

如此大幅度的職涯變化，也引起了週遭人的嫉妒和懷疑。「她是從哪來的？憑什麼領這麼高薪？」、「她究竟有什麼能力讓人用這麼高的薪水聘請她？」諸如此類的謠言四處流傳，讓我十分難受。我的朋友們也曾問我「我們不是走一樣的新人招聘流程嗎？為什妳的薪水這麼高？」、「我也想提升我的薪水，但我不曉得該怎麼做，妳可以告訴我訣竅嗎？」希望得到一些資訊。但我確確實實地感受到了我的職涯受人認可，這也為我帶來了很大的安慰，不，而是得到了更多的動力。

現在的我，是首位教授總經理團隊思考設計（Design Thinking）方法論的公司內部講師，負責針對公司內、外三十多個新興事業提出建議。怎麼會發生這種事情呢？一切都是從我不聽從這個世界給予我的建議開始的。當然，向

我提出建議的人也以他們自己的方式取得了成功，而他們的方法也並不是錯誤的答案，然而，現今世代的文化、產業、思考方式都已然不同，將前一個世代的文化套用在現今世代是不對的。

改變我的職涯圖表

選擇成長,而不要選擇穩定

雖然這個世界會給予你許多建議,但有許多建議都是為了自我合理化。會長時間待在同一間公司的人往往會把安穩放在第一位,但要想改變職涯,第一個方法就是捨棄安穩,選擇變化。

我曾有一個上司,曾因加班時間過長而暈倒,但身為大企業員工的自豪讓他堅持了很久。也有人說,能夠保障晚年生活的鐵飯碗工作是最好的。

我曾待過一間公司,簡直可以說是「被神藏起來、就連神也不曉得」[2] 的工作,不僅可以達到工作與生活平衡,工作也強度恰到好處。有一位在這間公司工作超過二十年然後退休的員工,又重新回到了這間公司擔任約聘人員,

---

2 意指穩定、高薪的工作,因為條件太好所以神才會藏起來。

在這間公司裡，就連「離職」二字都鮮少被提起。然而，我進入公司後不到一年就決定離職了。在這間公司工作十年以上的同事問我：「這間公司這麼好，妳為什麼要辭職？在這裡工作不是可以保障晚年生活嗎？」「保障晚年生活」真的是好的嗎？這不正是一種「雖然我想挑戰點什麼，但大家卻只想舒服地停留在舒適圈」的文化嗎？

我向上司申請了一對一面談，面談時，他也問我為何這麼快就要離開一間穩定的公司，我坦率地回答他「在這個公司裡，我似乎很難挑戰或開拓一片新天地」，我的成長比保障晚年更為重要。倘若停滯不前，就只能別無選擇地經歷「只有身體在工作，思想卻倒退」的逆成長。

拓展新的領域吧！

要想改變職涯，第二個方法就是拓展新的領域。

一般來說，自我成長類的書籍都強調要專注在同一個領域，也就是說，埋頭專注就能提升工作能力，並開發出自身潛能。從事單一業務時，埋頭苦幹可以有效提升效率。但當需要統整各種實務經驗的創造性進化時，與其在單一領域埋頭苦幹，更需要各項能力。一旦充分掌握一項

業務，就必須勇於向其他業務邁步。

當我進入哥倫比亞大學 MBA 第二學期時，我決定要學習新的事物。在就讀 MBA 的期間，參加了一項利用創業方法論推展實際業務的競賽，雖然結果很殘酷，但我下定決心要在過程中學習設計思考，並擴展自己的能力。設計思考是用少量資本額規劃出一種服務的方法，令人驚訝的是，這並不是由商業學系的學生創造出來的實用理論，而是由設計師們創造的實用理論。是以客戶為本，快速製造出商品的模式，主要應用於新創公司。

因此，我一結束 MBA 課程後，就去就讀哈佛大學的設計碩士課程。在就讀哈佛大學研究所時，我們系的數十名學生之中，就只有我一個人是商業學系出身，甚至還得到了 MBA 學位。但多虧我在某個領域留有遺憾時，就會拓展新的道路的個性，才能成為設計思考方法論的專家。

在挑戰全新的領域或產業時，關於我的選擇，都會聽到一些被包裝成建議的負面意見。當我被問到為何要深耕化妝品製造業時，有人曾對我說「要有自知之明」，但我仍毅然決然地轉職到投資業和風險投資業。

在數位轉型初期，將製造業的銷售路線轉換為數位化的前景看似美好，但很快就遇上了製造業的瓶頸——真能將製造業變為智慧工廠嗎？重新開拓出一條全新道路反倒更快，因為轉換必須要對抗上一個世代，因此相較之下速

度反而較慢。在第四次產業革命、第五次產業革命將至的時代，創造業仍舊沒有太大的變化，令人十分遺憾。要繼續待在即將遭到淘汰的夕陽產業？還是要投身於甫開展出新局面的投資業和風險投資業，並創造出全新的故事呢？做出選擇並不難。

不僅是強調單一領域，強調專職（One Job）的人也不少。我在就讀研究所的時期，同時從事兩份正職工作，就連研究所的同學也問我「為什麼妳不專注在研究所的課程就好？」因新冠肺炎的緣故，學校課程改為遠距教學，我便留在韓國，白天工作，傍晚到凌晨上遠距課程，只睡兩、三小時又再去上班，重複著這樣的生活。我在公司裡的工作表現優異，以致於沒有人發現我在就讀研究所。最終，我逐漸將我的界線擴展至其他領域，自製造業延伸至金融業、從MBA至設計思考方法論。

雖然我也曾有埋頭在同一個領域的時期，但廣泛地獲取多樣經驗絕對會成為豐碩資產。不埋頭鑽研、擴展至新領域的經驗為我帶來了走向全新世界的機會。

不要陷入數字的陷阱

改變職涯的第三個方法就是選擇職場時要專注於成長，而非數字。一般人很容易會根據薪資、離職率、員工人數以及行業排名來評估一間公司。雖然薪資是每個人最在乎的事情，但與其過度專注薪資，更應該思考這份工作是否有自我成長的可能性，如此才能顛覆性地改變職涯。有一個和我很熟的同事，對我的薪水瞭若指掌，當我在考慮要跳槽到全球五百大企業還是一家國外企業時，他勸我跳槽到年薪更高的公司，並問我「何必降低自己的薪資到全球五百大企業的加速器組擔任加速器業務[3]」，當時的我，下定決心一定要做這份工作，因為我的直覺告訴我，我的下一個成長曲線會出現在全球五百大企業。最後，我跳槽到全球五百大企業，盡情運用我的設計思考方法論所學，職涯也獲得了更進一步的成長。

企業的排名也是人們容易產生誤解的數字之一。企業排名是個十分荒謬的東西。當我在愛茉莉太平洋工作時，愛茉莉太平洋當時是業界第一，我還記得當時有一位在LG生活健康工作的朋友曾一直問我，愛茉莉太平洋的工作如

---

3 為幫助新創公司加速成長而存在的組織。

何、為何能屢屢推出許多熱賣商品。而後，我跳槽到 LG 生活健康，LG 生活健康在數年後登上業界第一。現在，曾和我一同在愛茉莉太平洋工作過的朋友開始聯繫我，告訴我 LG 生活健康最近推出的產品有多好、有多羨慕我的團隊合作，並詢問我是如何企劃新品的。人人都羨慕能成為業界第一，但業界第一並不是永遠的。雖然我目前在一間電信業排名第三的公司任職（因為總共只有三間電信業者，所以也有人嘲笑我的公司是最後一名），但我有信心，我的工作方式比業界第一名或第二名更創新。我就讀大學時，曾在業界第一、二名的某個企業中實習，但由於該企業保守的企業文化，完全沒有讓我萌生挑戰的欲望。因此，業界的排名並非選擇職涯的優先條件，重要的是你能在這份工作上發揮多少熱誠、讓自己的職涯成長多少。

第一章　緩慢的成長無法讓你成功　035

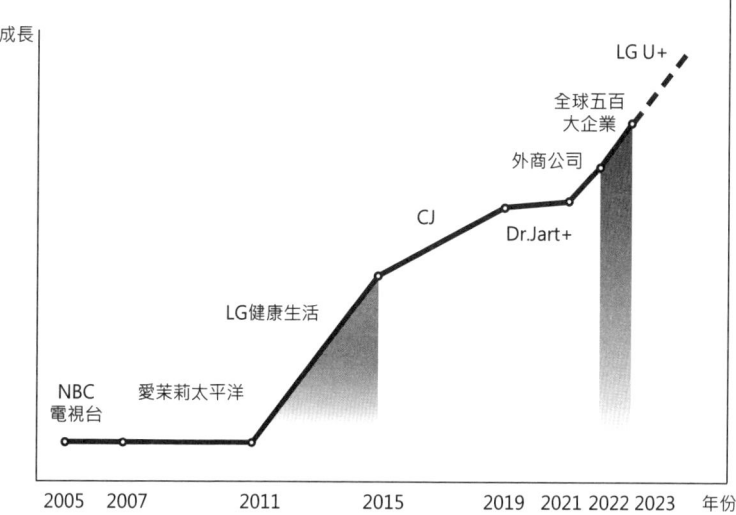

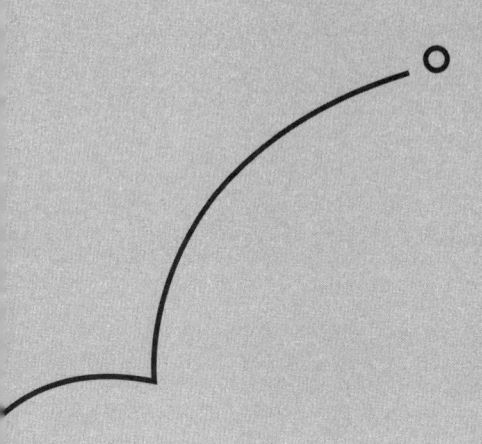

第二章

在職涯投出變化球的人

對抗人們的偏見

我就讀研究所時聽過希娜・艾恩嘉（Sheena Iyengar）的課程，對我影響深遠，足以改變我的人生。

希娜從小罹患視網膜色素病變，喪失視力，長大將全然失明。她身邊的人卻告訴她，從現在起，她無法達成任何成就、什麼都做不到。

「她已經失明了，沒辦法學習了。」、「那個孩子上不了大學，就算念了大學也很難就業。」、「妳是印度女孩，為什麼不直接回印度？」

人們對她充滿同情，甚至發表了種族歧視的言論，但她卻出乎所有人的意料，不僅進入常春藤盟校，還拿到博士學位，現在她是結合心理學和商業學的消費者行為專家，除此之外，她還是哥倫比亞大學商學院的正教授以及出版過眾多商業書籍的暢銷書作家，她在 TED 的演講也創下的極高點閱率。

希娜曾在課程中告訴過學生「凡人」和「非凡的人」的差異，非凡的人曾對抗過，那是凡人未曾體驗過的。當有人告訴你「你這樣是辦不到」時，非凡的人會親自證明

別人的話是錯的,「哪有什麼辦不到的?你懂我嗎?」「對抗」也是我童年時期成長的關鍵。

我隱約知道自己是個有韌性的人,在聽過她的課程後,我更確信自己是個能顛覆性成長的人。當他人對「我都已經拿到哥倫比亞大學 MBA 學位了,為何非得再去哈佛大學攻讀碩博士課程」感到擔心時,希娜是少數幾位支持我走自己路的人,甚至還為我寫了推薦信。雖然我不曉得她替我寫的推薦信的具體內容,但大致的內容如下:「Elaine 總是懷抱著叛逆精神,是這世界上為數不多非凡之人其一」。

成長的兩個方向

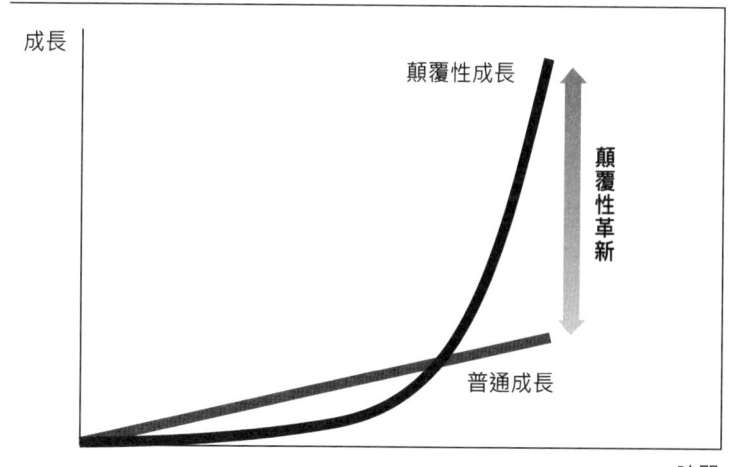

在職涯投出變化球

我們會將表面上看似平凡，卻會在某個瞬間遽然成長的案例稱之為顛覆性革新。普通成長是緩慢的直線，但顛覆性革新卻會展現出飛躍性的成長。雖然這兩種成長的起點相同，相較之下，顛覆性成長起初反倒較為緩慢、停滯不前，卻會在某個瞬間爆發，在那個時間點成長就會急劇加速，最終將會達到普通成長無法達到的境界。

在這個世界上，有在自己的職涯中投出變化球，並顛覆性成長的人。這些人雖然一開始沒有顯露出來，卻會在某個瞬間展現出自己的潛力。但人們卻只記得結果、逆轉、韌性、翻盤，而非他們的起點。

必須脫離體制

在職涯投出變化球的人會挑戰體制。P2P（Persion to persion）網路借貸首家企業 Lendit 的執行長金成俊也是曾經

歷過顛覆性成長的人。金成俊執行長想向銀行借款創辦企業卻未果，因為借款需要有保證人或提供擔保品，最終未能借到款項的他，認為對韓國人來說，最大的痛點就是借貸不易，因此他決定朝著「讓借錢變容易」的項目下手，首創韓國的 P2P 事業，P2P 事業是一種允許人對人的金融事業──Lendit 從此起家。目前，Lendit 使金融圈的監管逐漸放寬，也逐漸提高自身商業性。

拒絕被拒絕

那些在職涯投出變化球的人，即便不斷遭到拒絕，仍會持續挑戰。有一個人與 Lendit 執行長金成俊一同投身改變金融市場，她就是 Lendit 的理事李美娜。迄今為止，李美娜理事已成為約數十個企業的創始成員，而這些公司全都是知名的 IT 企業龍頭。不久前，我曾見到李美娜理事推崇楊珠英女士，楊珠英女士為 Trevari 的營運長，她也曾為 TOSS 創始初期的營運長。

記者問她創業的原動力為何，她說她在 TOSS 和 Trevari 工作時，每天都遭到拒絕，但她會以「拒絕被拒絕」的心態工作，她的心態稱之為創業精神，人若是屢遭

拒絕，終究會放棄，但她卻拒絕被拒絕，並以「一直被拒絕，就表示快成功！快結束了！」的心態重新挑戰。那股專注力和毅力，使她展現出一種與眾不同的企業家精神。曾遭銀行和機構無數次拒絕的 TOSS，最終成功讓 IBK 企業銀行首肯，成為我們現在所知的 TOSS。

必須堅持不懈地挑戰

　　在職場投出變化球的人即使起步較晚，仍會繼續接受挑戰，這些人的特點之一，就是即便不是創業家或創始成員，也會在新興事業中嶄露頭角。我剛進愛茉莉太平洋時，遇到了剛升為愛茉莉太平洋高階主管的朴秀京女士。因著新進員工與高階主管一同進行舞蹈表演的契機，我每天早上八點都會與朴秀京女士見面。我們每天練習跳舞一個小時，在公司的年末派對上帶來了成功的表演。當我一直跟不上舞蹈，說著自己是跳舞白癡時，朴秀京女士總是不吝於鼓勵和稱讚我：「Elanie 妳可以的，再試一次吧」。

　　此後，每當我在公司遇到困難時，我都會去找朴秀京女士，也許是因為我們兩人有共通點。愛茉莉太平洋是朴秀京女士拿到博士學位後第一個職場，而我則是在美國工

作了兩年多後,以「資深新人」之姿入職。

朴秀京女士常建議我不要著急,職涯會持續三十、四十年,就算起步較晚,也不會有太大的影響。我從她身上學到了即便起步較晚,也要持續不懈地接受挑戰。朴秀京女士從 2014 年起,擔任 DUO 執行長,為 DUO 開拓出新的道路。

自她就任 DUO 執行長,DUO 的會員人數和營業額急邃成長,截至 2021 年,DUO 的營業額已增長至約台幣 8 億 3,800 萬元,因其經營模式是透過人脈提升銷售額,利潤十分可觀。DUO 連續十三年榮獲韓國婚介資訊企業大獎,並於 2021 年榮獲消費者學會消費者大獎、2020 年獲得韓國最佳經營大獎等眾多領域獎項,奠定龍頭地位。如今,隨著線上配對服務及交友軟體的出現,婚介資訊公司看似已無立足之地,但晚婚、再婚的另一個市場仍持續發展。

必須享受等待

在職涯中投出變化球的人會享受等待。我的哥倫比亞 MBA 同學中,有一個引人注目的男同學,就是總是坐在我旁邊的萊恩・克菲勒。他之所以引人注目的原因是因為他

總是十分游刃有餘,當教授說要隨機挑一位學生報告時,他依然氣定神閒,因為他已經仔細閱讀了超過一百頁的預習教材,並將他的想法寫在筆記本上,他全身上下散發出一種輕鬆自在的感覺,彷彿他只是在重新玩他早已通關過的遊戲。

有一次,我對萊恩說:「我在 NBC 工作時的那棟大樓跟你的名字一樣,我來美國之後,這是我第一次遇到有人姓克菲勒」,沒想到他卻回答自己就是那個大名鼎鼎的克菲勒家族的人,我只在書上或媒體上看過克菲勒家族,沒想到竟然能遇到他們家族的人!

萊恩給了當時的我兩個建議。我每個月都會往返於韓國和美國,時差讓我十分辛苦,他告訴我他的小訣竅。首先,如果覺得課程太過艱澀,就分割時間,採取分治法的策略各個擊破。

「妳不是會看好幾個小時的 YouTube 影片嗎?那妳就把課程想成是三十部 5 分鐘 YouTube 影片,用屬於妳自己的步調享受課程,每次都愉快地觀看影片 5 分鐘,課程就會在不知不覺間結束了。」

再來,是覺得很睏時就說說話,無論是提問也好、提出意見也罷,只要妳可以從口中說出來並參與課程,妳就能吸收這堂課的內容。我依照他的建議,以享受著每一個 5 分鐘的心態聽課、當我想睡時就發問,因此成為在課堂上

時常發問的學生之一。

畢業後，萊恩創立了一間新創公司，專門提供治療過敏的線上服務診所 Cleared，而後成功地將這間公司賣給醫療業的龍頭 LifeMD。

創業雖然看似是一夜成功，但卻是發生在第五千個夜晚，那這四千九百九十九個夜晚該如何度過呢？如果能像萊恩把一門課程分成 5 分鐘享受每個瞬間一樣享受每個夜晚，就能堅持四千九百九十九個夜晚了。萊恩每天都很認真生活，就如同他所說的話一樣。他每天都十分努力工作、生了一個女兒、享受休假，偶爾也會參加線上同學會，說創業故事給大家聽，一點一滴地累積每個短暫時光的幸福，創立了獨角獸企業。[4]

讓自己身邊充滿非凡的人

現在，請仔細想想你身邊的人。當所有人都說你辦不到時，有多少人告訴你你辦得到、鼓勵你再試一次？雖然你可能沒有意識到，但如果你身邊有許多這樣的人，你

---

[4] 指成立不到十年，但估值達 10 億美元以上，仍未在股票市場上市的科技新創公司。

很有可能也是一個非凡的人。要是就算你辦得到,告訴你「不行」或「反正嘗試也會失敗」的人很多,那你就該檢視一下自己的人際關係了。

我在公司裡也扮演著審查內部創業投資的角色。所謂的內部創業投資指的是在公司裡尋找創業的夥伴、提出創業項目、進行評估的流程。我在 LG U+ 指導過的第一位學員 S 先生,不久前也和同期同事提出創業投資項目獲得好評,已獲准成立分公司。我問 S 先生是如何募集創業夥伴,他說從他剛進公司時,就有幾個與他志同道合的人,了解之後才發現他們也都很喜歡新事物,自然而然地決定攜手合作。夢想著成長的人們追求的事物是相同的,所以也時常互相吸引。

僅用 5000 萬韓元[5] 創立 Dr.Jart+,十五年後以 2 兆韓元[6] 賣給雅詩蘭黛集團的 M&A 神話——李鎮旭先生,他也表示自己身邊總是圍繞著許多挑戰新事物的人,因為受到這些人的啟發和鼓勵,他才能開創自己的道路。

至今為止,我遇過許多位熱衷於打造新事業的人。有即便無人指使,也會努力打造新事業的組員,也有會配合組員腳步,與他們一同邁步的組長。當有人問他們「你為什麼這麼努力工作?」時,常常會聽到他們回答:「因為我

---

5 約為台幣 116 萬元。
6 約為台幣 466 億。

喜歡跟我一起工作的同事，不知不覺就變得努力了」，和好的夥伴一起工作，就會變得更努力、更自動自發地工作，而努力工作又會吸引相同的人到你身邊，產生良性循環。雖然不能說這是首要條件，卻是持續取得成果的團體中會出現的特性之一。

達成顛覆性成長的品牌

那些認真工作、享受工作、顛覆性成長的人所打造出來的品牌也和他們本身很像。LG 健康生活旗下的頂級化妝品品牌「Whoo 后」具有經典又美麗的形象，是韓國的代表性品牌。然而，在 2011 年，我加入 Whoo 后團隊時，仍舊經歷了一場苦戰，因為 Whoo 后是在愛茉莉太平洋打造頂級化妝品品牌後才誕生的品牌。我當時最重要的任務就是在每個月的一號打電話給經銷商，不僅要卑躬屈膝，甚至還要祈禱：「請您收下十組 Whoo 后的還幼系列套組。」

2011 年時，后的品牌營業額大約 1,500 億韓元[7]，但四年後，銷售額約增長了五倍以上，突破 8,000 億韓元，年成長率達到三位數。2018 年時，創下韓國化妝品單一品牌銷售額首次突破 2 兆韓元的成績。回想起來，2015 年時，產品一印刷完畢，就被搶購一空，我負責的賣場中，還因產品銷售量超越精品 Louis Vuitton 而登上金氏世界紀錄。樂天免稅店甚至還頒發了成就獎，表彰 Whoo 后的銷售佳

---

[7] 約台幣 35 億。

績。當時，代理店甚至拜託我提供商品給他們，與四年前相比，Whoo 后的地位產生了一百八十度的大轉變。

「只要包裝上印有 Whoo 后的圖案，就算裡面裝的是石頭也會大賣，請盡快生產」。

品牌之所以能呈現指數型成長，得益於品牌創辦人的毅力和信念。當人們問：「你們算什麼？你們又不是韓國首創的韓方化妝品品牌，怎麼有辦法成為最頂尖的？」時，我們答道：「LG 是化妝品起家的，我們怎麼可能做不出代表 LG 的化妝品品牌？」

也許有人會說我單純無知，但只要抱持著這種心態工作，就沒什麼好害怕的，無論別人說什麼負面的話語，我都不會聽。而這正是目前的 Whoo 后之所以能達到顛覆性成長的原動力。

我在 CJ 工作時，創立了幾個品牌，Odense 就是我和當時的組員們一同打造出來的品牌之一。負責美妝品牌時，我創立了 SEP、Dermaflage 以及 REPÈRE；負責生活風格品牌時，我創造了 Odense。 Odense 已經成功在生活風格品牌中站穩腳跟，並在百貨公司和電視購物中創下高銷售額。由於一個團隊要打造出眾多品牌，即便是在寒冬，我也必須在凌晨起床彙整報告資料、熬夜撰寫廣告稿，甚至在週末時到電視購物台現場、負責銷售。

即使大家都質疑「為何要在電視購物台創造自有品

牌？」時，我們也毫不動搖，因為我們總公司不僅經營電視購物，同時也對推出品牌十分有信心。「無論我們是電視購物、國際品牌都無所謂」，不需要想得這麼複雜，只要想著默默地做我們該做的事、走我們該做的路，我們終會遇到需要我們的顧客。

當時，SEP 是首次入駐兩間樂天百貨一樓櫃位的 CJ 旗下品牌，緊接著 Odense 也創下進駐生活風格樓層櫃位的壯舉。我為了攻讀 MBA 學位，將 SEP 交給 CJ，後來卻聽說 SEP 從樂天百貨撤櫃了，雖然十分可惜，但我相信當時我和組員們打下的根基，一定能讓 CJ 旗下的其他品牌進駐百貨公司，倘若往後 CJ 有許多品牌入駐百貨公司，成功取得佳績，會讓我在 CJ 的四年時光變得更輝煌燦爛。

MEGA COFFEE 的金大英執行長也是使品牌實現顛覆性成長的代表人物之一。因為金大英執行長是非凡的人，他打造出來的 MEGA COFFEE 也跟他十分相像。去年是我第一次去 MEGA COFFEE。我常去的咖啡品牌連鎖店距離我工作的首爾站太遠了，因此我改嘗試了許多品牌、尋找適合我的咖啡。正當我找不到合我胃口的咖啡打算放棄時，MEGA COFFEE 抓住了我的味蕾。金大英執行長表示「MEGA COFFEE 總被說是廉價咖啡，這句話讓我心情很差」。MEGA COFFE 製作得很好又很美味，策略以低廉的價格吸引更多顧客，但人們卻只把重點放在「低價」，令

人感到相當可惜。因此,他又在 MEGA COFFE 展開了另一個冒險——在世界盃足球賽季期間聘請世界盃英雄孫興慜當代言人。他表示,在他選擇孫興慜成為品牌代言人時,並沒有預期到品牌能取得如此優異的表現,他卻認為「我希望 MEGA COFFEE 與其他低廉的品牌是不同等級的,因此決定依據全球品牌的模式,聘請代言人」。

職涯中需要匱乏和抗拒

雖然世界上有人顛覆性成長而成功，卻也有人未曾經歷過，他們只是還沒遇到那個機會罷了。那麼，什麼樣的人能夠成長呢？有一個必備的東西，就是匱乏。「怎麼會？成長不應該是萬事俱備時才辦得到的嗎？為什麼需要匱乏？」一定有人會這樣想，但是，要想成長，就需要內部或外部的匱乏。

內部須存在時間和資源匱乏；外部則須存在認可和支持匱乏。想要實現顛覆性成長，就不能處於舒適、滿足的狀態，必須要有內、外部的匱乏，才會觸發想抵抗、想戰勝、想擺脫的欲望。

內部
時間不足 ⇨ 必須提升專注力，或是學會分配時間，只做必要的事情，大膽地略過不重要的任務。
資源不足 ⇨ 是天經地義的事，人不可能擁有一切，鑑別出真正需要的東西，或為了取得更多資源分配時間。

外部

認可不足 ⇨ 因想受到認可而激發出「認可需求」,會煩惱該怎麼做才能獲得認可,並下定決心實踐和展現了不起的成就。

缺乏支持 ⇨ 沒有人能給予協助,會迫使自己獨立完成許多任務,更能了解事情整體脈絡,亦會提升對細瑣小事的理解程度,能夠完整掌握某件事情的脈絡,就能加快流程。

時間和資源必須匱乏

我在哥倫比亞大學攻讀 MBA 學位以及在哈佛大學攻讀碩士學位時都有全職工作,所以我的時間總是不夠。當同學們喝酒聚會、去國外旅行時,我卻在公司加班、出差,我甚至往返韓國和美國兩地,一邊工作一邊念書。我從 2019 年開始攻讀哥倫比亞 MBA 學位,我查詢了一下來往美國和韓國之間的行程,正好是十次。雖然每個月都必須適應時差,但即便往返於韓國和美國之間,我的成績依舊優異,甚至在公司擔任併購要職。就算生活如此忙碌,我還是天天運動。還好當時公司附近有一間健身中心,我才可

以趁著午休時間上50分鐘的課程，在回公司的路上順道吃沙拉當午餐。

「Elaine，妳是怎麼兼顧全職工作和學業的？這樣下去要不是被逐出公司，要不就是會被趕出學校，或是兩者都會發生？」聽了身邊的人質疑我能力的這番話後，反倒成了我的動力，我下定決心，絕對不會像他們說的那樣，同時兼顧了課業和工作。

我以前很常覺得錢不夠，上大學時，受到亞洲金融風暴影響，匯率居高不下，加上父母經濟拮据，只匯學費給我，所以我的零用錢總是不夠。因此，我從大二起，就在學校圖書館和校內辦公室打工賺零用錢，但其實那筆零用錢常常不夠。其他留學生週末時都會去韓國餐廳吃飯、喝酒、唱歌，但對我來說，把打工的錢拿來買幾件運動T恤、幾條牛仔褲更重要。

我工作賺來的一美元如此珍貴，我的父親怎麼有辦法每個學期都匯給我幾千萬韓元的學費和宿舍費呢？我總是覺得既感激又好奇，但我從來沒有一次產生「我是不是該放棄？」的想法。我已經被可以小班授課、同時教授技術和管理的卡內基美隆大學商學院深深吸引了，我的心裡沒有其他選擇，我抱持著要更努力學習、實現未來理想的決心，從大學二年級起，每年都拿到全A成績，並提前畢業。

我們所有人的內心都存在一顆反抗的心，日子過得舒

心自在的時候，它只會靜靜潛伏，但當缺乏某些東西時，這個名為「反抗」的情緒就會悄悄浮出來，叫你不要安於現狀，那個瞬間，正是錢不夠、時間不足的時候。

認可和支援必須匱乏

以外部原因來說，認可和支援不足時，就會出現反抗。當人受到他人認可時，就可以做得更好，反之，若沒辦法得到他人認可，這種反抗就會湧上心頭，幫助我們成長。當別人看不起我、認為我會失敗時，就是最佳時機。

我相信人類有在缺乏他人的認可和支援時，發憤圖強的特質。普通的物體被某個外力推動時，物體就會朝著外力推的方向移動，但只有人類可以對抗那股外力，當你能對那股外力置之不顧時，就能瞬間朝著外力的反方向移動，當這股力量湧現時，高興地迎接它，並順勢成長就行了。如果你從未發憤或反抗，那你可能要想想是不是因為內在環境和外在環境對你來說都太舒心、滿意了。

PART 2
製造出變化球的六個職場習慣

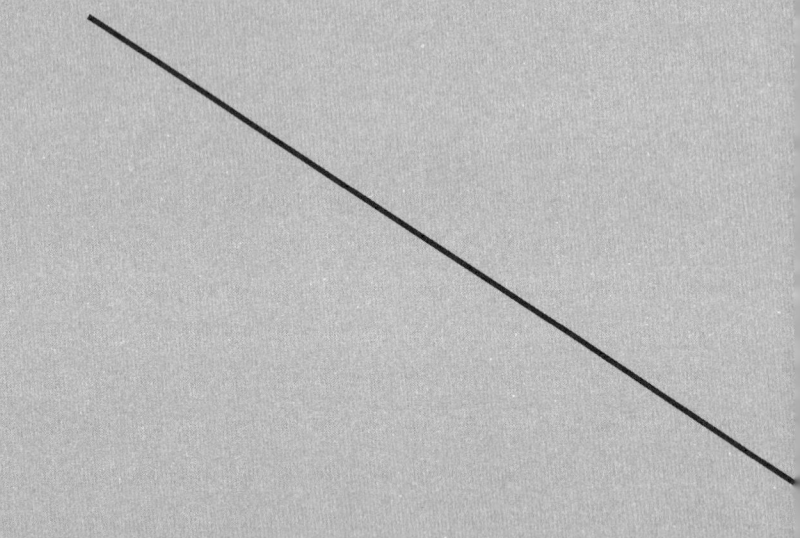

第三章

分辨煤氣燈操縱及輔導的差異

拒絕被煤氣燈操縱控制

在職場上,有許多人因為在乎別人的看法、上司的評價而無法照自己意願行動。但工作時,必須不在意他人眼光,勇敢說出自己的想法才行。若能明白為何不該聽他人的意見,就可以學習為了自己工作的方法。

投出職場變化球的步驟,首先是聽聽他人對我的好壞看法,接著無視至今為止曾遭受過的煤氣燈操縱,最後是自己輔導自己。

煤氣燈操縱在字典裡的定義為「透過操控心理來控制某人,引起其內心的自我懷疑,使他們失去現實感與判斷力,藉此控制某人」。一般認為,這種效應普遍出現在家庭等親密關係,但出乎意料的是,職場才是最常發生煤氣燈操縱的環境。

我在公司工作期間,看到許多人逐漸失去現實感、失去判斷力、失去自尊,變得受制於人。他們以為自己在為自己工作、為自己賺錢,但實際上他們是成為他人的化身在工作,並非為了自身成長,大多是為了他人而工作。

> **職場上會發生煤氣燈操縱原因**
>
> 最頻繁發生煤氣燈操縱的地方就是職場,原因是:
> 第一,下屬在公司裡,最常互動的人就是上司。
> 第二,為了讓雙方產生變化,通常會提出建議、給予指導和反饋。
> 第三,下屬聽到上司的建議,理應會認同、接受。

發生煤氣燈操縱的原因

　　韓國發生煤氣燈操縱的狀況較美國普遍。雖然有許多原因,但我認為最主要的原因有三個。

　　第一,韓國的文化不會區分「公領域及私領域」。在美國職場上關於「結婚了嗎?」、「幾歲?」等問題過於私人,被視為是禁忌。我和其他組員工作了幾個月,也不知道他們準確的年齡、種族、是否結婚。但韓國卻未區分公私領域。

　　不久前,我曾聽他人評論一個表明自己離婚的人:「那個人雖然是單親爸爸,但他工作非常努力。」將私領域「單

親爸爸」和公領域「認真工作」連結在一起，可能會害人誤會公私領域有因果關係。也許這是想稱讚他，但這樣的稱讚也有可能過度干涉他的生活。如果他理所當然地接受人們對單親爸爸的所有偏見，他就得同時在私領域和公領域費盡心思，才能打破這個偏見。

但在美國，與這種情況恰恰相反的例子不勝枚舉。在全球首富評選時，排名在一至三名變動的特斯拉執行長伊隆・馬斯克當時因醜聞纏身而離婚。雖然八卦雜誌《Tabloid》曾報導過他的外遇醜聞，但美國財經雜誌中卻從未提及這則醜聞。也就是說，他們將私領域和公領域徹底分開評價。他要求X（前Twitter）員工每週工作120小時的事情在財經雜誌中屢遭討論和批評。亞馬遜的傑夫・貝佐斯和微軟的比爾・蓋茲也同樣因醜聞結束數十年婚姻，但財經雜誌中卻對於這類醜聞隻字未提，僅探討離婚時的贍養費時否會影響公司財務狀況。

第二，韓國是「關係密集型」，使韓國人在職場往往注重「關係」而非「工作」。如果某人對我來說是「好人」，我就會傾向給予這個人高度評價。此外，若在上下關係之中進一步利用這種傾向，就有可能演變成對上級的無條件服從或忠誠，成為「選邊站」的晉升機會。無條件的對上司忠誠，只會提升對於上司做出煤氣燈操縱的容忍上限。

第三，韓國人花費許多時間與職場同事相處。即便韓國已經實施了每週只能工作五52小時的制度，但韓國的加班文化仍舊相當普遍。相處的時間這麼長，在彼此面前失誤的次數也會增加。在美國，要是想跟同事共進午餐，就必須提前約好；但在韓國，一起吃午餐是理所當然的，是除非另外有約。這也就表示，韓國人希望團隊、部門的向心力很強，可以一起工作很久，建立一個關係融洽、像家人一樣的團隊。這樣做可能會出現越界或忽視個人的傾向。當然，這樣做的確也有優點，但還是不禁讓人思考，這件事情是否有益於開發個人能力。

煤氣燈操縱和輔導同樣都是給予建議和回饋，從表面上來看是相同的，但其結果卻完全不同。煤氣燈操縱是為了讓你可以做決策的範圍變得更狹窄，而輔導則是讓你可以做決策的範圍變得更廣闊。

不久前，我和一位和我關係很好的創業家一起喝下午茶，他提到，由於他創業的公司規模逐漸擴大，所以他聘請了外部專家，但問題是，他們會對他所有決定下指導棋，以至於他在下決策時變得猶豫不決。

「其他公司也沒遇過這種事吧？為什麼不是每間公司都選擇找外部專家呢？是因為怕失敗所以不聽外部專家的話吧？所以我們不聽也是對的。」

當聽到這種話，會浮現「我好像沒錯，應該吧？我也

不太清楚。」時，就必須捫心自問，問問自己這個所謂「輔導」的行為是否正在限制我的行動範圍？是不是誤把煤氣燈操縱看成是輔導了？這樣的輔導是否只會徒增我對於我的決策的焦慮和不安？如果答案是肯定的，那很有可能就是煤氣燈操縱，而不是輔導。

是煤氣燈操縱還是輔導？

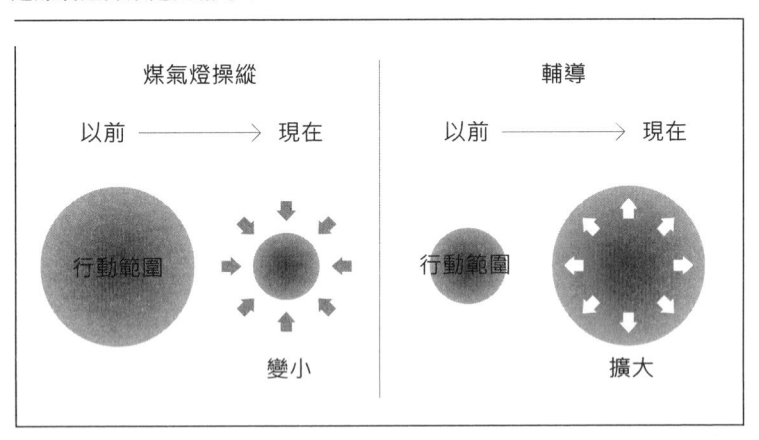

煤氣燈操縱	輔導
以前 → 現在	以前 → 現在
行動範圍 變小	行動範圍 擴大

區分煤氣燈操縱和輔導的方法

當你不曉得給予你的建議是不是煤氣燈操縱時，把「建議」的包裝紙去掉，只留下實質內容。所謂的包裝紙就是修飾語、情境和話者。

第一步，拿掉修飾語吧。「我是為你著想才這麼說的」、「我會這麼說是因為我真的把你當作家人」、「我一直很煩惱要不要跟你說」，讓我們把所有用來修飾的美好詞語或是表達強弱程度的修飾語都拿掉，只留下實質內容。

第二，抽離情境。「我們公司比較多嘴啦」、「你該感謝說這種話的人，你知道吧？」將話語包裝成玩笑、趣談或閒言閒語時。撇開這種「閒言閒語」不談，只把事實寫下來。

第三，把話者拿掉。「因為你是我同組的後輩我才會跟你說的」、「換作是別人的話我就不會說了」，因為話者是公認的好人、是我的上司、和我親近的人，所以覺得他說的話聽起來沒什麼問題嗎？那麼，把話者換成別人會怎麼樣呢？排除強調你和我特別關係、與話者有關的言語，重新思考吧。越是親近的人所說的話，越要小心。

現在，如實寫下聽到的東西吧，也可以讓 AI 把寫下來的東西唸出來。拋開話者的語氣和我的關係，掌握內容的核心非常重要。

「因為是你，所以我才會這樣說，我們公司比較多嘴，你說話小心點比較好，最重要的是不要樹敵。」把修飾語、情境和話者從這句話中拿掉，就會留下「說話小心點，不要樹敵比較好」這句建議。然而，因為這個人的話，以後你要說話時可能會一直思考，以至於該說的話說

不出口，甚至可能會出現無法好好提案的狀況。證明這並不是輔導，而是煤氣燈操縱。

將煤氣燈操縱變成輔導吧

下一個階段，是將煤氣燈操縱變成輔導。不應該說話小心翼翼地，努力不與他人樹敵；而是更努力地讓站在自己這邊的人變多。若是樹立了一個敵人，那就讓兩個人站在我這邊。即便有敵人，要是站在我這邊的人比較多，我仍舊會感到踏實。幫助他人覺得難以辦到的事情，或是當他人犯錯時，與其先告訴上司他人犯下的錯誤，不如先陪他一起處理事情；或是敢於直言，但將我為何會提出這樣建議的理由仔細條列出來，並提出未來如何改進的方法，除了前述的方法之外，一定還有其他適用於各種不同狀況的方法。但最基本的是做好我該做的事情，只有這樣，才不會有人對我的事情說三道四。

戰勝職場煤氣燈操縱的三個步驟

如果你目前正在變成或你已經成為煤氣燈操縱受害者,就必須把他人對你所說的話扔出去,練習一點一點地把他人的話語拋開丟掉,一起了解把他們話語丟出去的三個步驟。

第一階段:檢查自我底線

首先,必須先了解「我」才行。有時會覺得必須容忍他人的忠告,但所謂的「容忍」並不是容忍有益的事物,而是容忍那些依照我原本的個性,絕對容忍不了的事物。例如,當有人稱讚我,說很喜歡我時,我們不會覺得需要「容忍」,因為稱讚在我們的底線之內,因此並不是我們該容忍的事物。從現在起,記錄一下他人讓我容忍、感到不悅的行動和言語吧。這個紀錄會讓你知道你自己的底線。

對我抱持著成見

- 說我是東方女性,所以會在某事上表現出色或表現不佳
- 問我為何離婚
- 因為我是國際學生,所以問我私生活是不是很開放

侵犯私領域

- 問我為何離婚
- 問我為何還沒有自己的房子

談論我的身體

- 問我為什麼有烏龜頸
- 要我把背打直,摸著我的肩膀把我的背拉開
- 在他人面前提起只向他一個人提過的心理健康問題(焦慮症、恐慌症、過動症)

在我的底線中,最重要的就是與我自身價值有關的底線。我們必須遠離那些故意貶低我們的價值、限制我們的未來、對我們發表負面言論的人。

哈佛 MBA 有一位名叫 Jeffrey Bussgang 的教授,他同時也是創投公司 Flybridge 的首席執行長,他的課程旨在建立波士頓的企業和哈佛學生之間的橋樑,讓學生向企業提供

戰略諮詢，而我負責的企業 DRB Pacilities Services，是一間擁有六百的多名員工、年銷售額約達 200 億韓元[8]的企業設施維修業者。當時，因新冠肺炎，所有人都被關在家中，銷售額急遽下降。向一名六十多歲的最高層管理人員提供諮詢，對我來說十分不易，當時的我犯下了一個很大的失誤。我向那名最高層管理人員表示：「無法適應未來的數位轉型，最好轉換跑道」，教授卻告訴我，可以對公司的未來提出建議，但不能對一個人的能力或未來斷言，人的能力只有在遇到問題時，才會展現出來，因此，我們必須為公司指引方向，給予人充分發展的機會。透過這件事，讓我學習到了無論是誰都不能斷言或預測他人的能力和未來。

第二階段：告訴他人我的底線

現在，你已經知道了自己的底線，接著告訴他人你的底線吧。直接表達拒絕並不容易，倘若覺得言語表達太困難，也可以使用不言而喻的方式表明出拒絕的意思，例如皺眉的表情、蜷曲的身體動作、畏縮的姿勢等都無妨。接

8　約為 4 億 7,000 萬台幣。

著則是詳細地表達，如果很難直接向對方說出口，就和身邊的同事聯合起來，獲得力量吧。「我跟某某某談過了，這樣有點……」再來就是直接將自己的感受說出口：「這讓我很不舒服。」、「這樣做會讓我為難。」最後則是使用明確的行動表達：「我不喜歡別人碰我的身體，這已經超過我的底線了，讓我很不愉快。」讓對方知道你的底線。

我的底線

必須保護的！ 無論是誰都不能踩到的底線	・家人的八卦 ・關於我的財務狀況的八卦 ・關於我的離婚、養育狀況（即便是憐憫我的話語也算）
需要保護的！ 雖然可以容許對方失誤一次， 但若是反覆發生， 就必須要守住我的底線	・是我無法修復的情結，卻總是被反覆觸碰的清單（身體上、精神上的狀況） ・我只對特定人士說出口的我的祕密 ・目前的戀愛狀況等
想要守護的！ 語氣和用詞	・嘲諷的語氣 ・輕蔑的語氣 ・幼稚的語氣

第三階段：守護我的底線

熟識我的人會發現，我會下意識地表達我的底線並且捍衛它。對方偶爾會忘記一兩次是還好，但若是一直忘記，我就無法跟那個人產生密切的互動。我會在那個地點、那個時間，和那個讓我不愉快的人做個了結。

「你一直談論我的身體讓我感到非常不愉快，我已經說過一兩次我不喜歡這樣，但你又說出這句話了，我沒辦法繼續進行會議了，等你可以好好針對會議討論時，再聯繫我吧。」

只有守護我的界線，我才可以健康地守護自己。我以前在公司裡曾被人叫做「瘋女人」。有一個人多次踩到我想守住的底線，我就直接離開會議了。而後，那個人向我道歉，雖然我們的關係並不友好，但還是有恢復到可以一起共事的同事關係。

讓我們遠離那些不斷對我進行煤氣燈操縱，卻包裝成對我未來的能力、我的身體、我無法修復的過去給予建議的人吧。你問我，這樣和他人斷絕關係的話，身邊不就沒有人了嗎？如果是這樣的人，寧缺勿濫。變成領導階層的人通常來找我諮詢的煩惱都是「很孤獨」，隨著人際關係越來越狹窄，公司內部沒有可以敞開心扉、交流想法的人，

雖然遺憾，但這是身為領導人必須承擔的事情，成為領導階層的人後，孤獨的情緒必然會增加。就當是提前在為未來成為領導階層的你做準備，練習對於人脈中非必要的人畫清界線吧。

第四章

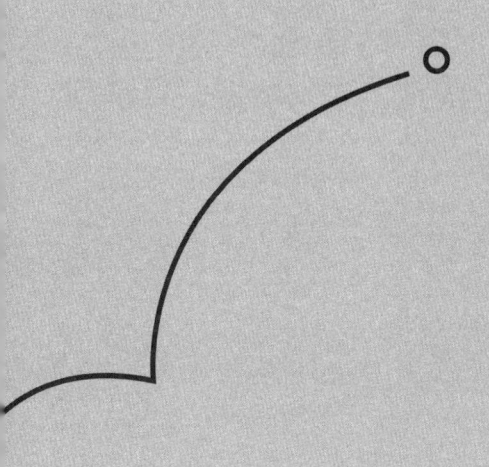

對金錢誠實

必須對金錢誠實的原因

當我們在談論金錢時，談論的往往是相對價值，集中在「那個人賺了多少，我賺了多少」、「那個人比我富有」、「那個人的房子比我的房子貴了多少」。當你以金錢的相對價值來評估金錢時，就會犯下錯誤，變成以收入多寡來定義自己，而非以自身存在價值來定義自己。

金錢最重要的價值是「金錢對我來說的相對價值」。換句話說，要集中在收入相較過去增加了多少，及收入中有多少比例來自於愛好或投資。如果能從自己身上找出錢的相對價值，就能專注在提升自我價值。也可以說，現在的我就是在為未來我的做準備。

偶爾會出現急用錢的時候

只要有錢，就可以更輕鬆地避開世界出其不意的攻擊。當你出現「現在該賺錢了」的想法時，就已經太晚

了。錢會在某個瞬間、毫無預告地在你的生活掀起軒然大波，也可以在你需要它的時候提供協助。對我來說，錢就是這樣，偶爾會攻擊我，但偶爾又會幫助我。

我在協議離婚的過程中，曾和我的前夫起了激烈的爭執。但我們雙方對於某一件事情的看法完全一致。要是想作為單親媽媽或單親爸爸撫養孩子，就需要身邊人的協助，而這種協助就需要花錢。當時還沒有上班族每週工作時間上限為 52 小時的規定，為了要應付加班，夫妻雙方有一個人必須先去托兒所把孩子接回來，因此離婚後，就需要一名接送孩子的幫手，每月支出預計增加 150 萬韓元[9]。

「讓有錢的人撫養孩子吧。」──離婚時，前夫的薪水比我多兩倍，婆家的經濟狀況也不錯，因此最後決定將孩子交由前夫撫養。我不得不將我人生中最愛的人，託付給即將離開我的人。當時，我學到了很多。在離婚和協調養育權後，我開始在金錢面前變得誠實。離婚前，我對於金錢的態度是：有錢很好，沒錢不太方便，但離婚後我卻覺得錢越多越好。

美國有一個「Fuck you money」的觀念，指的是在公司遇到不合理的事情時，讓你可以不顧一切辭職的預備金。以美國單人家庭的標準來算，一年的生活費約為 1 億

9　約為台幣 3 萬 5000 元。

韓元[10]，這是因為美國的房租和保險費用都很高昂，但在韓國，不考慮房租的話，大約可以降低到2、3千萬韓元[11]。

新冠疫情時，我迅速地完成了美國的MBA課程，並將工作收尾，返回韓國。

某個公司提出了上億韓元的年薪和行銷長的職位，所以我不到一個月就入職了，然而，那個地方是我不願回想的性騷擾事件現場。該公司的高層主管曾多次在公開場合對其他員工性騷擾。

那間公司裡有許多孕婦，但他們會在公開場合放肆地發表貶低孕婦的言論。

那些事情發生得太突然，情況出乎我的預料，以致於我也無法阻止這種性騷擾。身為一個在大公司工作過十幾年並在美國新創公司工作過的我來說，他們的發言和想法令我十分吃驚，但老實說，我很害怕那個人。

我認為我必須先逃跑才行。當時的我大約有六個月的預備金，因此，我以「要把預備金花光」的想法，果斷地離開那間公司，要是我當時沒有那筆預備金，可能就會成為更嚴重的性騷場事件的旁觀者。直到現在，我也還在存預備金，以備未來在公司遇到無法容忍的不合理事情時派上用場。

---

10 約台幣234萬元。
11 約台幣47萬至70萬。

年紀越大，開銷越大

把今天當成是我人生中成本最低的一天吧。為了經營「我」這個人，每天都需要錢。水跟空氣是最低限度的必要條件，雖然空氣是免費的，但必要條件之一的飲用水需要付處理費用和供應費用。

既然是這樣，以後要花的錢只會變得越來越多。直到我二十幾歲，在父母的幫助之下，解決了食衣住行和教育的問題。2007年時，我二十六歲，月薪是150萬韓元[12]，雖然我對低薪感到不滿，但並不覺得這樣的薪資無法度過基本生活。我住在父母家，所有的伙食費都是由母親負擔的，當時父親還在工作，我的伙食費應該不會造成父親太大的負擔，反正只是再多加一雙筷子而已。現在，我所有的食衣住行都是自己負責，我甚至還要負責兩隻貓的食衣住行和醫療費用。幾百萬韓元的貸款利息、因食品通貨膨漲導致伙食費上漲以及每年一、兩次的海外旅遊費用，全都是我要負責的。

而往後，我要花的錢還會增加。不久前，我在治療牙齒上花了數百萬韓元，雖然醫生說「終於結束了，太好

---

12 約為台幣3萬5000元。

了」，但要花費數千萬元的植牙時期即將來臨。更何況，每個月繳納的健保費用也只增不減，所以，今天，是我人生中經營費用最低的一天。

成長也需要錢

錢是成長所需的動力。每個人的資本都是有限的，而我把有限的資本投注到某件事情上，是因為那件事情對我來說是不可或缺的。越必要、越迫切，所需的代價就越高，所有人都很煩惱該如何分配有限資源。最能代表有限資源的資源就是時間和金錢。

領著普通薪水、每天上下班的人，都缺乏時間和金錢。因此，想把這兩項資源投資在什麼事物上，就表示那件事物相對重要。因為資源是有限的，所以我們不得不思考成本效益，期待我們投資的資金和時間，可以在某處得到更大的效益。此外，我還想補充一點，我們也必須關注錢的相對價值。與三年前相比，你的身價是否提高了？你有信心在接下來的三年進一步提升自己的身價嗎？

因為所有人都照著這個邏輯花錢，以資本主義的層面來說，就表示如果你賺的錢比誰都多，那麼你的工作就比

他人的工作更重要。要是他人的工作更重要，就會在他人身上投入更多資源。

舉例來說，你有100萬元，要分別支付幫傭的薪水、伙食費、英語會話課程費用，那麼，你花最多錢的地方，就很有可能是對你來說最重要的地方。

2023年初，我曾急急忙忙地飛到美國一趟，由於時間緊急，我花的機票錢比平常多好幾倍。我之所以能不眨眼地付了數百萬韓元的機票，是因為搭飛機這件事情對我來說必要且緊急。不搭飛機我就無法抵達目的地，要是購買機票比較便宜的航班，行程又太趕，我只好選擇花費大筆資金購買時間比較好的機票。

與事情的急迫性、重要程度相比，市場價格更為重要。在我支付過的人力費用中，最龐大的就是律師費。離婚時，我向律師諮詢，光是諮詢費就高達數百萬韓元。我之所以願意付這麼高昂的律師費用，就是因為我想得到網路上找不到或是熟人沒辦法提供的資訊。以市場價格來看，我雇用的律師收取的費用偏高，但以成本效益來看，聘請這位律師的效益是最大的。

在哥倫比亞MBA入學時，曾進行過一個「價值卡」活動。透過這個活動，我可以知道我職涯的存在理由，尤其是對我而言重要的因素以及優先順序。我把自由表達和自主性業務放在優先順序，我的目的是透過這兩件事情獲得

高薪，只有明白這一點，才能以自由表達和自主性業務為基礎，制定能夠達成目的的計畫。這樣思考會很有幫助。

「要是我創業，我可以實現自由表達和自主性業務，但我無法達成我想要的薪資目標。」

「要是我在大企業工作，雖然好像可以達成我想要的薪資目標，但我可以實現自由表達和自主性業務嗎？」

藉由這樣的過程，你就可以統整出制訂什麼樣的計畫和目標才能達成你的目的。

價值卡活動

1. 列出三個人生中絕對不能放棄的價值觀。
2. 描繪我的夢想，人們通常說這是人生方向的「北極星」。
3. 分別描繪出往後一年、三年、五年內想實現的具體目標。

我的價值就會成為我的職業

　　我只有一個人，但無論是以前或現在，勞動力都是以恆定的速度在供應市場。我的人力費用之所以會浮動，是因為他人的勞動力也同樣在供應市場，市場中有可以取代我的人。如果有很多人會做我的工作，那我的人力費用就會下降；相反地，如果有一個工作「非我不可」，那我的價值就會提升。如果我是市場上唯一的供應商，需求者就不得不配合我的開價。在瞬息萬變的世界之中，搶佔市場地位是核心關鍵。

供需圖

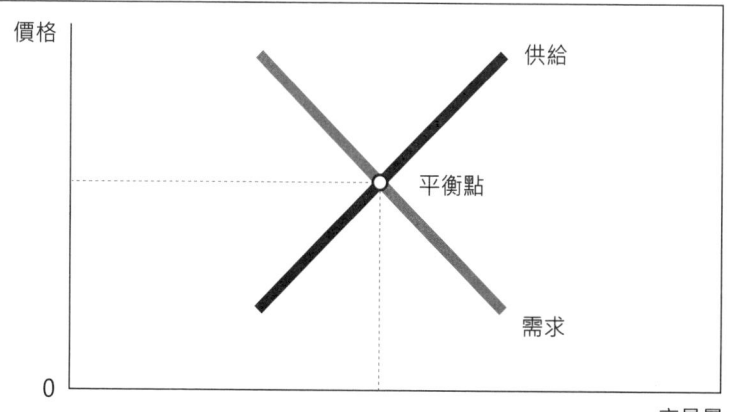

因此，在有人可以正式教導我之前，我必須先主動搶佔先機。例如，直到補習班開設了某個課程、你要正式地學習某件事物的時候，就必須和同樣在補習班聽課的許多人競爭。所以我必須先搶佔我一邊尋找一邊學習的事物才行。雖然現在有 AI 或元宇宙學系，也有相關的補習班，但我早在十年前就已經向熟人學習過了，目前仍舊是有許多領域可以學習，如果可以先搶佔這些領域，未來就很有可能成為不可多得的專家。

獨一無二的人 VS. 能幹的人

如果我不是獨一無二的存在，至少我的工作能力要比別人好，只有這樣我才能在從事那個工作的人之中，成為收費最高的人。要想在市場之中，拿下比競爭對手更好的價格，就必須比競爭對手做得更好。

韓執行長是我認識的人之中，最擅長做決策的人。他平均每週聽數十個報告，因為公司性質緣故，報告的範圍也相當廣泛。他不注重細節，而是快速地指出重點，為公司和員工作出最佳的決策。

我看過很多決策緩慢或拖延的領導人，他們會拖延決

策,並用因為「我比較謹慎的說法」來安慰自己。然而,領導人拖延決策,只會拖延決定何時在戰場上舉槍行動的時刻。我們在喝下午茶時,他說「比糟糕的決定更糟的就是遲來的決定」,他建議不要等到所有結果都可以預期時才下決定,這是最愚蠢的行為。

脫離夕陽產業 VS. 創造交集

即便我的薪水在我從事的這個領域是最高的,但我的薪水還是很低,那該怎麼辦?在這種狀況下,應該要轉移到其他可以獲取更高薪資的市場。

成為一個位於交集點的人

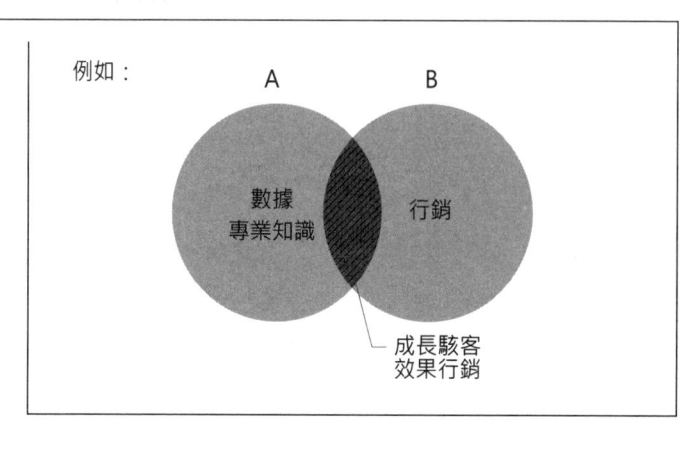

例如:
- A:數據專業知識
- B:行銷
- 交集:成長駭客 效果行銷

我待過的製造業起薪和其他產業相差無幾，但我成為產品經理後拿到的薪資和其他產業相比卻低得多。我雖然是工作能力優秀的明星產品經理，但我領到的薪資，只是製造業裡的高薪而已，與我在金融業、投資業工作的朋友相比則是非常少。有一些產業會以職級來評估價值，以產品經理來說，在通訊科技領域價值最高，因此，根據職位不同，有時需要考慮跳槽到會給予自身能力較高評價的產業。

另一個方法是創造交集。如果具備交集點的能力，就可以獲得加乘費用。既是醫生又是律師的人就是如此。醫療相關的法務代理服務收費高於一般法律服務。

同時具備大數據分析能力和商業洞察力的數據科學家也是個代表性的例子。目前，數據科學家的薪資比技術工程師高，也比只做企劃的行銷人員來得高。

曾擔任 BC 卡大數據中心負責人的 L 先生就是如此，他雖然主修工商管理，但他培養了數據分析能力而開啟新的職涯，成為國內公認最優秀的數據專家。雖然無法得知他的薪水，但肯定比一般的企劃人員高上許多。

只做一件事情、在那件事情上得到滿分不容易，但學會兩件事情的交集，並分別在這兩件事情上得到 80 分以上，就能成為一個 160 分的人。即便這兩個部分都未能得到高分，依舊可以得到 120 分至 150 分的評價。利用兩件

事情的交叉點,就可以創造出職涯機會。

我的價值由我來評價

一個創業家獲得創業資金的過程,比起科學,更接近藝術。雖然我認為核算企業價值是一個相當數值化的計算,但由於公司剛起步,通常處於尚未產生營業額的狀況,甚至也有一些公司像酷澎一樣連年虧損。那要如何評估尚未具有實際銷售額的企業呢?建立屬於我的標準,再決定企業價值就可以了。當創辦人計算出公司的價值,並將此數值告知眾多投資者後,公司的價值並不會大幅偏離創辦人所設定的標準,這就稱為錨定效應。

既然如此,那要由誰來決定估算的價值是否恰當呢?只要有一名投資者投入資金,就表示那個企業符合這個價值。自從軟銀集團的孫正義董事長認定酷澎是一個擁有10兆價值的企業後,現在的酷澎的市場價值就成了10兆。

你的價值由誰來評定?只要只有一個人認可你的價值,並支付你所訂定的費用,你就成了那個價值的人。你可能成為價值千萬韓元的人,也有可能成為價值10億韓元的人。只要有一個人認可你的價值,哪怕只有一個人,你

就成了擁有那個價值的人。

　　我的價值要先由我訂定，而其他人是否認同我的價值，是之後的問題。所有的協商都存在著錨定效應。人們會以我首次提出的價格來斷定我是擁有那個價值的人。如果我評定我的價值是 10 億，接著他人就會把「10 億」這個數字當成基準，或加或減得出我最終的價值。我需要正確地評估我的價值，從而產生錨定效應效果。但偶爾也會出現過度評價的狀況，要是對方爽快地說「好」，就表示我低估了我的價值。

有對策，價值也會提升

　　能夠正確評價你的價值的方法，並非金錢或時間。擁有很多錢，並不能讓你在每次協商中都佔優勢，但有一個東西卻是越多越好，那就是對策。擁有越多對策，在協商時就越有力量。因此，為了搶佔有利的位置，就必須時時刻刻準備對策。商業用語為 BATNA（談判協議的最佳替代方案），盡可能地設想有、無 BATNA 的各種情況。

　　首先，有對策的情況，心裡會比較安心，也能露出笑容，因為即便沒有出現我想要的結果，我也不會覺得遺

憾。會覺得遺憾的人，內心就會變得焦躁，變得無理取鬧而下出一盤壞棋。這就是為什麼會有一句話叫做「覺得遺憾就輸了」。

讓你在任何協商狀況下，都可以從容應對的方法，就是 BATNA。

• 有BATNA
就算協商不成仍舊有對策 ⇒ 公司會被我的提議吸引 ⇒ 當公司不滿意我提出的方案時，只要選擇其他方案就可以了

• 沒有BATNA
協商不成時也沒有對策 ⇒ 處於非得讓協商成功的絕境 ⇒ 只能被公司的提議牽著鼻子走

• 擁有越多BATNA
就越能在協商時立足於不敗之地，產生「我只要從眾多選擇中選一個」的力量。

BATNA 的核心是絕佳的對策。必須創造出即便協商決裂，在選擇對策時，也完全不會覺得可惜的對策才行。在職場環境中，BATNA 通常被用於跳槽和評估。來設想一下用於評估的情況。當上司無法給予我正確評價時，我還可以採取其他選擇嗎？首先，雖然我嘗試著與上司討論我的

評價，但協商有可能會決裂。

當協商決裂時，我還有其他的對策嗎？

- 異動（公司內部）或跳槽（公司外部）
- 和更高階的上司協商
- 召開評價審核會議（人事部主管）
- 請求兼任職務，從而調到另一個組別

跳槽和異動對我來說是強烈程度第一名的對策。你必須抱持著「這個公司、這個組別可能不是我最後的歸宿」的心態面對才行，當我想著「我可以異動」時，公司就會提供我許多選擇的機會，而非囚禁我。當你目前的組織對你來說是最有利的選項以及唯一歸宿的瞬間起，你最強大的 BATNA 就會消失，你就會在談判桌上屈居下風。

第五章

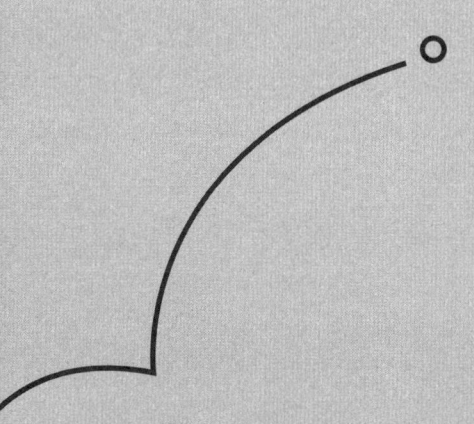

厚臉皮地宣傳自己

為什麼要主動出擊宣傳自己

我們必須拋棄親切和與勉強自己說出「Yes」的習慣。我們的社會已經習慣要表現得過於親切了。航空公司的空服員跪在地上替客人點餐；在餐廳時，也會過度地彎腰屈膝，以求以在與客人相同的視線水平上替客人點餐。「以客為尊」的想法潛伏在我們生活週遭，無所不在。我們也有錯誤的認知，認為在工作中必須對上司過於親切，但為了擺脫與親切相關的所有慣例，我們必須了解「親切」的真面目才行。

在公司中的親切和說不的意義

對同事、上司、組員不需要過於親切，彼此是為了工作才見面的人，因此沒有理由對某人過於親切。「鄭重拜託」、「非常抱歉」、「對不起」等過於體貼的話於讓我不舒服。新進人員在面對上司或承包商面對業主時，也必

須可以理直氣壯地提出請求才行。

當公司已經把親切的預設值調到誇張的程度時，對於親切的期待值越高，就越讓人不舒服。一旦你親切對人，就會給對方「你會繼續對我很親切」的期待，當你無法滿足對方的期待時，對方失望的程度就會更勝於以往。請你牢記在心，工作並不是要親切地做，而是要理直氣壯地做。

拒絕時也是如此，我們必須守住我們自身的界線，輕鬆地說出「不」才行。有許多人在公司裡很難開口說不，從現在起，我要向你揭曉「不」的真面目。

在公司裡說的「不」是沒有一絲情緒的，無論是你說「不」時，或是聽到他人對你說「不」時，只要當作他是在表達「否定」或「不是」的意思就行了。沒有必要因為說出「不」，就覺得十分抱歉，也不需要因為聽到他人說出「不」而覺得受傷或悲傷。

「不」只不過是某個問題答案的 50% 而已。我得勇於說「不」，我才知道我回答「好」時，我的回答對於自己以及對方來說都是誠實的。

從現在起，必須學習對已成習慣的言論說「不」。「必須親切」、「不能說不」會強迫我們無意識地接受他人的要求，從現在起，面對總是越過你底線的提議時，大聲喊出你在心中吶喊出無數次的「不」，守護你的底線，劃出屬於你的底線。

在有限的時間內，讓大家認識我的方法

我們總是被時間追著跑，以至於很難抽出時間嘗試了解他人，或找出一個想在他身上投資時間、深入了解的人，因此，有許多人被低估了。無論我有多專精，我還是會花更多的錢聘請外部專家，讓他們凌駕於我之上，我之所以不被認可，是因為人們不知道我真正的價值。

為了在有限的時間內，讓人好好認識我，我必須主動宣傳自己才行。隱藏自己擅長的事情、不要宣揚善行，這些想法再也不適用了。不宣傳自己，被動地祈禱好事會發生，這在現代社會中只不過是虛無飄渺的期盼。

「應該會有人認出我吧」、「應該可以遇到伯樂吧」這種祈禱無非就是一種被動的欲望，將自己的主導權交到他人手中。

宣傳自己並不等同於自負，而是我自信滿滿地宣傳我所做的事情，同時也是積極呼籲他人了解我的方式。宣揚自己根本沒做到的事情才是自負，但希望他人對於我付諸努力做的事情給予正確的評價，則是在宣傳自己。

炫耀是對於透過錢或他人的能力辦到的事情感到驕傲，並不適用於我認真達成的目標。以是否上傳到社群媒體的舉動，來區分這是不是為宣傳自己並不恰當，過程才

是核心關鍵。

如果這是我努力賺錢買來的名牌包，展示名牌包就等於是在向眾人展示我的努力，因此宣傳自己會引起他人的欣羨和推崇。我們尊重努力生活的人所走過的路，並且可以對那個人所說的話產生更強烈的共鳴，這將會成為發揮良善影響力的基礎。

毫無努力就購買名牌包，就叫做炫耀，而炫耀會引發嫉妒和厭惡。用父母或他人的錢購買名牌包，導致入不敷出或者走向極端；借別人的錢來買名牌包，這只不過是為了炫耀所產生的消費罷了，沒有過程的結果，就只是一個空殼。因此，那些不曉得自己在做什麼，似乎成天玩樂的人們所展示的名牌包，就只是個虛有其表的炫耀罷了。社群媒體上所展現出來的、奢侈般的炫耀，大部分都只是非現實的誇耀，只會引發觀看者的嫉妒和無禮的猜忌。

宣傳自己的五個方法

不再謙虛

　　首先，從現在起，捨棄謙虛的語氣。我要求來找我諮詢職涯的人做的第一件事情，就是製作價值卡和繪製職涯圖表。沒時間的話，可以先跳過價值卡，但我一定會要求他們畫職涯圖表，接著詳細說明。直至目前為止，我已經看過了數百張職涯圖表，但我每次遇到這件事情時，都會十分驚訝。

　　有許多人在介紹自己的職涯圖表時，會使用被動表達。明明是在介紹自己，卻習慣性地使用在談論他人時會使用的被動用語，這會給人「你只是順勢而為」的印象，但對我們而言，重要的是「主觀意識」。當我沒有表達出主觀意識時，雖然可以我可以將責任推託給他人，但此時，我就不會被當成是一個有影響力的人。要是出現不好的結果，就會把「因為那個狀況」、「因為那個人」抬出

來當藉口。

被動詞語範例
- 運氣很好
- 遇到好人
- 有一個絕佳機會降臨
- 我不會給他人添麻煩
- 因為我是外行人
- 雖然我不曉得那時候我還在不在這間公司

強調努力吧

　　第二，強調我的努力。若是換成主動表現，主角就會變成「我」，我得決定如何採取行動才行。當「我」這個人有了主觀意識時，就不會再責怪他人了，一切事物都會變成是「多虧我」、「多虧我的選擇」。

主動詞語範例
- 我們團隊光是準備工作坊課程就花了超過一年，滿分是五分的話，我會給這堂課五分！

- 我會在週末時聽博士課程,了解更多人事組織相關的知識。
- 為了跟其他團隊合作,我每週有三天會去麻谷站上班,而不是去我原本的上班地點首爾站上班。

強化優點吧

第三,把弱點從我的心中抹去,展現出優點。當我在輔導他人學習炫耀自身專長時,經常會遇到學生公開曝露出自身缺點。

暴露出缺點的語氣範例:
- 我不擅長發表,不擅長做簡報。
- 我不擅長認識新朋友。
- 我不擅長數理。
- 我是想得到他人認可的類型。

與其暴露缺點,不如專注在自身優點,並與他人溝通。所謂的慣性,指的是施加在物體上的外力總和為零時,物體保持移動狀態的一種特性,依據慣性定律可知,

質量越大，慣性就越大。因此，從慣性定律看來，增強優點比彌補劣勢更容易。優點越強，發展的速度就越快。起初，我在談到我的優點時，我也會臉紅、覺得尷尬。但當我們建立起表達自身優點的習慣後，正面效果將會倍增。

說服自己吧

第四，讓我們說服自己，拋下內心負面的想法。想推銷自己，首先就得說服自己，只有這樣才能輕鬆說服他人。我也有看過有人會降低他人對自身的期待值：「我沒有看起來那麼聰明」、「我才剛從事行銷不久」、「在我們公司的企劃人才中，我是最不專業的」。

先聽聽他人誇自己吧。在 YouTube 上搜尋自我暗示的影片，每天早上聽一次就好。我每天都會在 YouTube 上觀看自我暗示的影片，大約 15 分鐘，內容也十分豐富。影片主要的內容如下：「你以後會越來越好的」、「你所享受的幸福，原本就是你的」、「今後，你將會享受到更多富足的事物，在精神上、經濟上更加自由」。

接著，讓我們遠離那些滿口抱怨的朋友。我父母的育兒理念是：「除非是危險的事情，否則不要抱怨」，他

們的理念不僅使我變得獨立，也讓我養成「我所做的決定百分之百都要自己負責」的想法。所有決策的主體都是「我」。在選人的事情上，我所做的選擇也百分之百反映了我的內心。在往後的人生中，時常需要自己選擇朋友，尤其是在選擇戀人或配偶時要格外用心。因為和我越親近的人，越會強化我的特質。當他人認可我的長處時，我的優點就會被強化；相反地，一直指責我的缺點，就會強化我的缺點。

以前，有一個我很熟的朋友總是以消極的方式強調我的弱點，「妳太莽撞了」、「妳個性太急躁了」，持續聽到這種負面的話語，只會讓行動變得更魯莽、慌張。甚至還發生過把錢包和手機掉在餐廳的事情。我的行為逐漸偏向他所說的樣子。

我自己必須先相信「我是一個很棒的人」，為此，比起我與他人的約定，我應該優先考量我與自己的約定。要是我對自己失望，我對於自己的評價就會低於自己實際的表表現。如果今天你和自己做了約定，哪怕是再微小的約定，都必須要遵守。不久前，我和自己約定每天早上六點都要起床寫文章。頭幾天，我沒有遵守約定，每天都懷抱著自責的心情開啟一天，我不想再對自己失望了，因此，我把手機的鬧鐘調到最大聲，再把手機放在距離臥房最遠的地方後入睡。為了關掉每天六點都會響徹整個家的鬧

鐘,我不得不起身走一趟,這樣一來,我就有辦法在六點鐘起床了。最近,我每天早上都會以「我遵守了我與我自己的約定!我是一個很棒的人!」的愉快心情展開一天。

展現能力吧

第五,專注在「我的能力」,並將其展現出來。在宣傳自己時,不能用有形資產(Tangible Asset)宣傳自己,這種行為叫「報名號」(Name Drop)。以前,我曾在公司裡遇到一位從哈佛畢業的同學,「哈佛」就像是他的口頭禪一樣,他會在開會時不停把哈佛掛在嘴邊。因為他一直不停炫耀,讓不是從哈佛畢業的同事對他十分不滿。所以,必須用無形資產(Intangible Asset)來宣傳自己,才會使他人欣羨,而非嫉妒。

「我每天早上八點上班,把前一天的趨勢報告寄到小組信箱,並持續六個月以上。」⇒ **強調勤奮**。

「為了準備與外包業者的競爭發表,我去找先前曾在競爭發表中成功拿下合約的負責人,並與他開會討論,向他學習到了發表的關鍵知識。」⇒ **強調熱情**

至今仍害怕宣傳自己的原因

我家第一隻貓咪格雷是不貪吃又不撒嬌的類型，也因此牠對管家的態度也比較冷淡。牠的飼料也是用自動餵食器餵的，所以平常不太會跟管家一對一相處，但不久前，發生了一件令人意想不到的事情。格雷好像是在對我搖尾巴了？

而且，這是牠第一次對我發出「喵嗚」的聲音。我還搞不清楚是什麼狀況，就乖乖地跟著格雷走了，牠帶我去的地方正是擺放自動餵食器的位置。原來是因為自動餵食器停止供應飼料了啊！直到那瞬間，我才意識到原來格雷並不是不貪吃，而是因為自動餵食器都會準時放飯，所以牠才不會來找我。自從發生這件事情後，管家就停止使用自動餵食器，開始親自餵牠吃飼料，格雷也開始會對他撒嬌，讓他恢復了「鏟屎官」名號。

機會是不會主動找上門的

　　他抱怨同期的同事和資歷比他淺的同事都已經成為了高階主管，但他自己卻尚未成為管理階級。他總是以「因為時機還沒到」、「以後應該還會有機會吧」等想法，安慰自己要再多等一下才能升上管理階級。然而，悲傷的是，晉升機會並不會像自動餵食器的飼料一樣自動降臨在我們身上。

　　你真的想升職嗎？還是其實你很滿意「組員」這個職位可以達成工作與生活平衡，只要做好自己份內的事情就好呢？我輔導過一位自願從組長位置降為組員的人，他表示，身為組長的責任感，讓他曾經歷過工作與生活平衡崩潰的狀況。他必須扮演輔佐高階主管的角色，因此，每週工時已經超過 52 小時，達到 100 小時，而因為晚婚的緣故，他的孩子還小，但他從來沒有在孩子入睡前下班。與其擔任組長階級的職務，他寧願擔任可以維持生活與工作平衡的職務。

　　現在，問問嘴上說著想晉升的你的真實想法吧。你真的有如此渴望嗎？你真的迫切地想升職嗎？若真是如此，那就不該只等著他人向我伸出援手，而是應該自己主動創造機會。

我在就讀哥倫比亞 MBA 的期間，和一位猶太裔美國人同學感情很好，他說他曾和許多韓國女性交往過。我很好奇其他韓國女性的約會習慣，因此問他：「韓國女友怎麼樣？」

　　「韓國女友在戀愛時，對於每件事情都非常小心翼翼。雖然現在想和我見面，卻不會直截了當地問我『我現在可以去你家玩嗎？』，反倒會問我『你在忙嗎？』，有些人更誇張，甚至還會隱藏想約會的心情，一直在等待我主動邀她。」

　　他曾直接問過他的韓國女友們為何韓國人會這樣做？她們回答他因為韓國人是非常有禮貌的民族。就是因為這樣所以還韓國才會被稱作是「東方禮儀之國」嗎？

機會是無限的，所以要更有野心一點

　　你可能會問，直接索要想要的東西是不是太沒禮貌了？把限量的東西從他人手中搶走，變成自己的東西才叫做沒禮貌。剩下兩塊麵包時，我跟對方都在場，我卻把兩塊麵包都吃掉，那才叫沒禮貌。但機會是無限的，機會就像空氣一樣無窮無盡，就好比我呼吸並不會減少他人呼吸

的空氣量一樣，難道我今天呼吸的次數比較頻繁，就叫做沒禮貌嗎？這麼說，在運動或跑步的人呼吸次數很頻繁，所以他們全都是沒有禮貌的人嗎？

跟空氣一樣無窮無盡的東西就是機會。就算某個會議只邀請了十個人，難道我不能成為第十一個參加會議的人嗎？難道我不能自備椅子去參加會議嗎？有人會說你這樣做很厚臉皮而阻止我們這樣做嗎？

資訊共享是無限的。就算我聽到了某個資訊，也不代表我搶走了他人聽取資訊的機會，反倒會因為我的分享或聽到我的資訊而引發他人思考，點子與點子也可以互相碰撞，變得更加精彩。

掌握無限機會的語氣範例

- 我想提議／發表／挑戰／嘗試看看。
- 我想參與會議／研討會／出差。
- 我要求一個符合我能力的晉升機會／加薪／費用批准。

在公司裡，晉升或出差是需要支出費用的，因此有很多人會誤以為需要費用的事情是只給特定人士的有限機會，但晉升和出差的名額真的有限嗎？

不久前，我厚臉皮地去國外出差了，這趟國外出差

算上商務艙的機票、住宿費以及活動費用，大約需要花費 1000 萬韓元[13]。如果我只會靜靜地等待他人選擇，這個機會根本不會降臨在我身上，因為我積極爭取，才能獲得更多可以宣傳自己的機會和能力。當我得知總經理們要去矽谷出差時，我產生了「啊！我也很想去，可以帶我一起去嗎？」的想法，接著立刻跑去找總經理。

「總經理，我也很想去矽谷了解新創公司的現況和新技術！」

「好啊。」

總經理爽快地答應了，因此我在入職不到三個月時，就陪同 LG U+ 矽谷總經理們到美洲出差。不僅在矽谷見了十幾位新創公司創辦人、主持了 AWS Startup Loft 會議，甚至還認識了一個從事 Chat GPT 業務的新興科技企業，我將他們介紹給公司內部的事業組，要是我沒有自己創造機會，就無法去國外出差，也就無法達成這件不可能辦到的事情。

13　24 萬台幣。

第六章

脫離舒適圈，
追尋讓你感到不舒服的事物

你是通才還是專才？

　　無論是 1980 年代的通用汽車，還是 1990 年代的西爾斯百貨、奇異公司這種曾在美國達到巔峰的企業，如今已不再受人注目，因為現在是科技公司當道，那未來的十年又是哪種公司變有名呢？我不曉得未來哪種企業會變有名，就像那些自稱是專家的人也未必知道。華倫・巴菲特以前曾說過要進行價值投資，但最後又說必須要分散投資。若是我們可以肯定十年後，某間公司將成為下一個 Apple、Google、Tesla，我們又何須進行分散投資呢？直接把我所有資產都投注到那間公司不就可以了嗎？這就是為什麼沒人知道哪種產業、哪種公司、還有未來需要的人才究竟為何。我們不曉得未來所需的人才是什麼樣的人，所以將自己所有的能力都投注在某一項事物上是很危險的事情。

　　我在念大學時，企管系是最熱門的科系，當時，預計未來會誕生需要經營決策等專長的高附加價值產業，因此我有許多同學都選擇進入投顧業，但現在呢？即將進入大學、站在選擇未來職涯十字路口的新生們，比起文科的企

管系,他們更傾向選擇理科(資工、數據、AI),那下一個十年又會是如何呢?

專才VS.通才

正如我們會將科系分為文科和理科一樣,如果我們在選擇職業時,也能以這個職業需要的是專才還是通才的原則來分類,就能更明確地為下一個職涯做準備。「井」是一個可以清楚表達出專才和通才差異的比喻。有兩口井,雖然可以容納的水量相同,深度卻不同。專才的職涯就像是一個開口小卻很深的井,相反地,通才就是一個開口大卻很淺的井。你的職涯是哪一種呢?

專才與通才的井

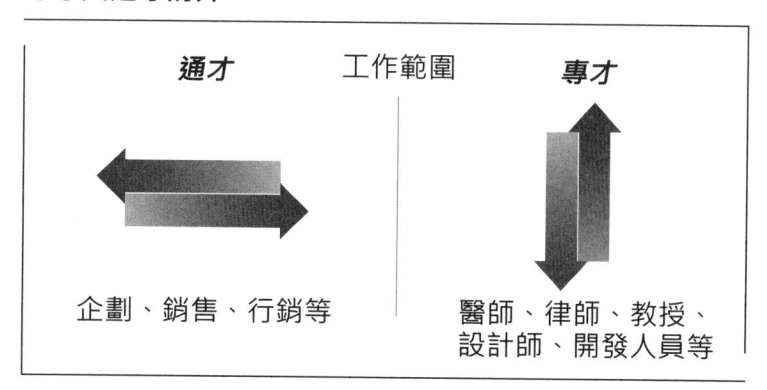

通才	工作範圍	專才
企劃、銷售、行銷等		醫師、律師、教授、設計師、開發人員等

我在公司時，為了組成一個新的團隊，和組員們聊了一下。其中有一位在人事部門負責教育業務的H先生，他說對於自己的職涯規劃有點茫然，不曉得未來要繼續像過去一樣朝「教育專才」邁進，還是轉換跑道至他憧憬的「企劃通才」。過去這十年來，他未曾思考過這個問題，因為他並沒有刻意決定自己的職涯方向，而是在不知不覺間就變成了專才。

就算沒有自己選擇職涯方向，也完全不需要感到沮喪，沒有人能馬上下定決心說：「好！我決定好了！從今天起我要成為專才！」直接選擇出自己的職涯方向的。但人有朝著自己喜歡的方向發展的傾向，所以即便沒有刻意做出選擇，事情往往還是有很高的機率會朝著我們所盼望的方向發展。

我們來想一下選擇大學科系的時候吧，無論是誰，都會有一個特別討厭的科系，讓你說出「啊，我死都不想讀這個科系」，對我來說，就是父親投注了一生的機械工程這種科系。直到現在，我最敬愛的人還是我的父親，我也尊重父親的職涯，但我在選擇大學科系時連一秒都沒有考慮過這條路，真正讓我猶豫不決的科系反倒是企管系和心理系。結果，我選了沒有任何家人推薦的企管系。雖然並不是在掌握了自己的職涯方向或傾向後才選擇科系，但事實上，這個選擇反映出了我的喜好。我就這樣和企管系一

同展開了我的通才職涯之路。

相對地,從大學時期就決定要挖一口深井,成為專才的人就是我們常說的「專家」,那一般的公司裡也有這種專才嗎?我就讀於卡內基美隆大學,由於這所學校的特性,我有許多念工程和建築的朋友。在畢業二十年後有許多校友已經成為了開發人員、設計師、建築師等,我在旁邊看著他們在一口井了深耕二十年。

專才也在考慮是否要成為通才

在這個時代,即便是身為專才的專家也在煩惱著是否要成為通才。ITM 建築研究所的劉宜華代表是韓國知名建築師,得過多次 IF 設計獎建築首獎。我最近和他喝下午茶時,他提到自己最近比起建築設計,反倒花更多時間忙於經營相關業務。雖然他身兼多職,十分忙碌,他依舊和我一起攻讀工商管理博士課程。我們的課程時間通常是在週末兩日,他每次上課時都會拖著一個大包包,因為他下課後就要立刻準備飛往濟州島。他每年會往返濟州島數十次的原因,是為了繼承他父親——韓國代表建築師柳東龍(伊丹潤)的遺志,向青少年介紹建築的非營利事業。他

無時無刻都在思考要如何將這項非營利事業的經費花得淋漓盡致，並透過這項事業養成韓國青少年的建築涵養。我們之所以做其他的事情是為了證明我們活著，或證明我們存在的價值。

醫師論壇 MEDI:GATE 每年都會刊登一篇題目為「做別的事情的醫生」的特別報導，告訴大家醫生除了診治病患以外，還會做其他的事情。最近也有人會開玩笑說，醫生們的夢想是成為 YouTuber。不論是經營 Podcast、寫書、開製藥公司或成為投資客的醫生們，都為了拓展自身領域而挖掘其他口井。

我曾在 MEDI:GATE 看過一篇關於一位醫生出身的投資創業家文汝貞總經理的報導。據說，在 MERS（中東呼吸症候群）爆發時，他曾偶然和社區的證券公司分析師媽媽聊天，他們告訴文汝貞 MERS 會導致口罩和消毒藥水等缺貨的消息，並建議他投資製藥公司，取得了極佳的結果。此事開啟了他對投資業的興趣，並決定跳槽，結合自己在健康保健的專業，在投資創業走上康莊大道。過去八年來，文汝貞總經理在生物及健康保健投資領域展現出了他人難以取代的投資能力，並在 2021 年創立了專門針對健康保健的基金，三個月內就募集到了 789 億韓元[14]的基金，令所有人大吃一驚。

---

14 約 18 億 6000 萬台幣。

在公司裡，通才致勝

當你觀察一個組織裡多次晉升、最終成為領導階層的人的職涯類型，你會發現通才的人數遠大於專才。舉一個代表性的例子，我目前任職的公司中，開發人員和設計師的高階主管約有二十人，來自其他組織的管理階級則有六十人。

專才說好聽是專業，但說難聽點就是難以轉換跑道的人。即使其他部門增設了高階主管的職位，他們也很難跳脫到另一個組織並成為高階主管。相反地，通才就有可能在其他組織成為高階主管。我是個通才，雖然起初是以商品行銷展開職涯的，但很快就轉型為行銷人員，並以此為基礎，成長為品牌行銷組長。接著再利用我創立品牌並使其成長的經驗，輔導新興事業。

通才成長迅速

　　LG U+ 曾為了開發新業務，聘請了許多程式設計師。過去曾為三星明星開發人員，跳槽到這裡的 J 先生為 LG U+ 招募了數十位程式設計師。我問他招募程式設計師時最困難的點是什麼，他回答我，草創初期沒有開發團隊，無法明確方向所以十分辛苦。程式設計師是屬於很難靠自己成長的職業，因此未來會和什麼人共事、會遇到什麼師父、用什麼樣的方式帶領，都會影響他們未來的職涯發展。假如真遇到一個好的開發人員引導你、以及向優秀的開發人員學習後，若想繼續成長，就必須再去尋找其他人指導，從這幾點看來，成長空間是十分有限的。

　　相反地，通才擁有廣大的發展機會，通才不一定要向某人學習才能成長。雖然並沒有人教過我如何製作教材，但我現在還是公司內部的明星講師。我認真觀看並模仿 YouTube 以及他人的實際課程，接著我就去上課學習方法。當然，多虧有周遭人持續給予回饋，加速了我成長的速度。

　　從事通才的工作可以讓你接觸更多的企業、產業和職業族群，讓你成長得更快、達成更多成就。根據作家潔西卡・哈吉（Jessica Hagy）的說法，成長將會發生在舒適圈以外的地方。只有逼自己離開舒適圈，才可以體會到名為成

長的魔法。

不久前，我與 Job Korea×Albamon 尹賢俊理事一起吃晚餐。他曾是優雅的兄弟們（外送的民族）的創始成員，擔任過技術長、營運長以及代表理事，並推出了數十個以上的新事業，可以說是一名非常成功的領導人。現任 Job Korea 的執行長，掌管具有二十六年歷史的中堅企業 Job Korea×Albamon 平台轉型業務。大學專攻機械工程的他之所以可以將他的通才職涯，擴展到成為營運長、執行長，就是因為他自願去做公司裡「沒人想做的辛苦工作」。

我們所有人都喜歡做自己熟悉的工作，但我們只做自己擅長的工作是無法成長的。比起尋找擅長做自己工作的人，公司更想找能帶來新的動力、能做「沒人想做的辛苦工作」的人才。當你遇到可以做這種工作的機會時，請舉手自願，著手進行那項事業，並獲得成功吧！就算失敗也無妨，畢竟停滯不前也不代表不算失敗，不去挑戰就已經意味著失敗了。

因此，去做大家都躲著不想做的事、大家都覺得非常辛苦的事吧！這樣一來，公司就會以某種方式回報，向你致謝。看看你的身邊，去做那件在公司裡該做卻沒有人去做的事情吧，

潔西卡‧哈吉的引發魔法的事情

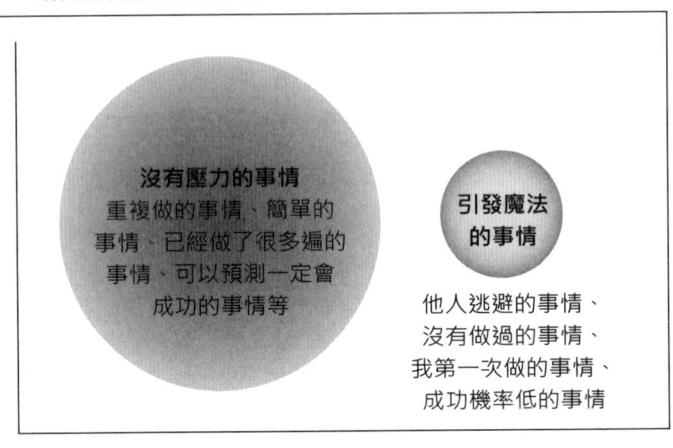

沒有壓力的事情
重複做的事情、簡單的事情、已經做了很多遍的事情、可以預測一定會成功的事情等

引發魔法的事情
他人逃避的事情、沒有做過的事情、我第一次做的事情、成功機率低的事情

這是你改變公司的機會，也是你成長的機會。我在公司上內訓課程時經常強調《心態致勝：全新成功心理學》這本書，這本書中提到思維分成兩種，分別是固定思維模式以及成長思維模式，有固定思維模式的人傾向於做選擇失敗機率較低、較簡單的事情；有成長型思維的人會願意去嘗試不熟悉的事物，儘管嘗試後不一定會成功。作者發現成長型思維的人身上有一個特點，就是他們即便害怕失敗，但跌倒後仍舊能再次起身。

某天突然出現有如魔法般的事情的機率微乎其微，必須反覆跌倒數千次後再爬起來，才可以朝著你的夢想大步邁進。你渴望成長嗎？那就相信你有能夠恢復的韌性，用力地、迅速地摔倒吧，只有這樣才能成長。

引發魔法的事情範例
- 時間緊迫的事情
- 獲利低的事、即便成功也很難被認可為成就的事
- 與他人排斥的人一起合作的事情
- 有爭議或爭執的事情、需要協調的事情

轉變為通才是可行的

並不是踏上專才之路後就無法改變職業，從專才轉變為通才，將可以會為你帶來更大的成功。

司空勳是我卡內基美隆大學校友，他主修計算機工程，我在念大學時，完全沒有機會見到他。我曾修了一門難度極高的程式設計課，雖然我已經熬夜苦讀了，還是只能勉強拿到 C。他上了十幾堂這種課程，但卻幾乎像幽靈一樣，我只記得在凌晨吃宵夜時見過他，除此之外我幾乎沒有印象看過他。司空勳起初是以開發人員的身分展開職涯的，但不久後就創立了一間與房地產相關的新創公司。距今為止已經展開了五十項事業，有成功也有失敗，這些事業除了通通都是「全新挑戰」以外，就沒有其他共通點了。他所創立的 ARC.N.BOOK 成為書店與文化共享的複合

式文化空間，結合匯集精選美食名店的美食街，進駐全國 E-mart。在他所開創的五十項事業中，甚至還有夜店。

「小勳，你創業的標準是什麼？」

「當我看到可以改變市場的機會時。」

他持續不懈地挑戰，不久前，他野心勃勃地推出了藝術品交易平台 Altu，我對於他會再次取得成功這點深信不疑。因為他有將寫程式這門學問的井深掘究底的經驗，並以這些經驗為基礎鑿過數十口井，知道這種訣竅的人即便遭遇困境也可以鑿出井。

具有職涯兼容性的另一個實例就是 LG U+ 的 J 先生。在他成為高階主管前的二十年間，他負責戰略諮詢業務，曾進行過數十個專案，因此他曾和許多客戶共事，此外，他曾經手過一個關於人事諮詢的專案。透過這個專案，他得到了組織規劃和管理的能力。他曾開鑿過的井包含戰略、諮詢以及人事，因此 J 先生目前在 LG U+ 得到「非常了解業務的人事負責人」的好評。

成為通才的方法

　　在二、三十歲的職涯如何成為通才呢?如果以「是否安逸」這個標準來區分專才和通才,專才就是持續停留在熟悉、安逸的職業族群;而通才則是不斷尋找我不熟悉的職業族群。

必須「不愉快」

　　追尋讓你感到不舒服的事物。與舒適的事情告別,去經歷讓你感到不愉快的事情。為了使職涯成長,不管是什麼事情都必須快速地嘗試過一遍,無論成功與否。讓我們利用公司內各種業務來挖掘幾口井吧!

　　雖然像斜槓人士一樣大膽地展開副業也行,但對於沒有勇氣馬上展開副業的人而言,我推薦你在公司內部尋找「跳脫舒適圈的事情」。

　　根據艾米・弗熱斯涅夫斯基(Amy Wrzesniewski)以及

珍・達頓（Jane Dutton）的重塑工作理論，在公司內部會重塑任務的人成長的幅度更大，也就是將業務領域擴張到原先領域以外，最重要的是必須自發性地出擊，例如帶領新人適應環境，雖然這是人事相關的事情，與我無關，但我仍主動提供協助。雖然可能會有點不愉快，但去做被分配的業務以外的工作，體驗看看新的業務吧。

人際關係也是如此。你必須向一個你覺得待在一起十分舒心的人告別，去見一個你覺得待在一起不愉快的人。總會有一個雖然不是初次見面，但每次見面總會讓你覺得很不自在的人，那個人通常是職級比你高的人，因此在公司裡最讓人感到不自在的就是高階主管。只要和一位跟你有點交情的管理階級人員一起工作，就可以得到他的反饋。試著向其他組的管理階級人員說出你的點子吧。

從寫下「想詢問您有何建議」這封電子郵件的那瞬間，心臟就開始怦怦跳了嗎？透過這種練習，就可以與許多職級較高的人士交流，更能理解管理階級人員的思考方式。不久前，我請一位高階員工 J 先生寄一封電子郵件給總經理，他害怕地說：「要我寫信給總經理？」我安撫他，告訴他工作就是工作，只是寄一封信給總經理而已，不需要害怕。

不要害怕結交新朋友或與職級較高的人士交流，你所做的事情也對他有所幫助。了解公司內部的機會不只來自

於高階主管之間的交流，與下屬交流也同樣可以了解公司內部，讓他知道你負責的業務是什麼，對他來說也是件值得高興的事情。

等等，我們先來了解一下公司內的資訊。資訊可以分為三種：推式資訊（Push）、拉式資訊（Pull）以及互動式資訊（Interactive）。

像應用程式裡的推播通知，就可以稱為推式資訊，代表性的例子包括訂閱式的電子報或 YouTube 等資訊，公司內單方面的影像資訊也屬於這個類型。

而拉式資訊則是代表我得自己去尋找的資訊，指的是必須透過搜尋或瀏覽資料取得的資訊。獲得拉式資訊的過程比推式資訊艱辛。艱辛可以泛指許多層面，這裡指的是表示需要付出相應的努力。

互動式資訊是和某人交流過程中，同時出現的推式資訊和拉式資訊，因此互動式資訊具有即時性和協作性，其中電子信箱的互動式資訊十分特別，既是一個發送能與我交流的推式訊息，也是一個可以回信、提問、進一步補充意見的空間。因此，當某人寄給我們電子郵件時，我們應該十分感激，因為寄信人寄送了交流互動式資訊給我們。

無論是什麼信件，我都會盡可能地快速、徹底理解信件內容並給予回覆。原則上，如果對方不是在週末寄信來，我們都必須在當天回覆。對我而言，寫電子郵件給某

人就代表送禮物給某人,為了送給對方一份好的禮物,我會盡量把電子郵件的內容整理得一目瞭然。

即便MBTI是外向型的E型人格,他們也會對第一次見面的人感到十分不自在。我目前正和公司裡的領導階級一同舉辦讀書同好會,每當同好會時間將至,我總是會想著「我要怎麼跟不認識的領導階級人士聊3個小時呢?」,為此感到十分害怕,也覺得面對和我業務類型完全不同的人十分不自在,但我還是必須找出我和那些不認識的人之間的共通點才行。我之所以寧願花10萬韓元[15]的計程車費,也要跑到板橋的咖啡廳和人進行Coffee Chat[16],就是因為我可以在那裡遇到與我完全不同行業的人。

與他人交流時,必須和你覺得自在的故事告別,去聽讓你不自在的故事(批判性反饋)才行。比起只給我正面反饋的同事、上司和客戶,我必須去見會多少讓我有點不自在的人,如此一來才能使我成長。

我在西江大學攻讀博士課程的同學朴尚俊有「連鎖創業家」的美名,雖然他所創建的第三間公司大獲成功,但他在創立第一項事業時卻徹底破產。他的第一間公司是使

---

15 約台幣2300元。
16 是一種輕鬆的社交行為,通常會在咖啡廳等非正式場合與人進行一對一交流。

用線上商城連結 P2P 保稅衣物[17]的商業模式。據說，當他在構想這個服務時，他曾與非常多的熟人討論過他的想法。

「這個保稅衣物購物商城的點子如何？」

「太棒了！可以立刻離職著手經營了吧？」

聽了熟人的話後，他就辭去了創投公司的工作自己創業。他的創業夥伴是由「想法相同的人」組成的，從某個時刻起，他的創業成員的想法通通被同化，沒有一個人對這個商業理念提出異議。他雖然推出了服務，卻沒有顧客，他的初次創業最後以成為信用不良的人告終。

我們必須遠離那些就像我們的靈魂伴侶一樣，只會說出「我想聽的話」的人，會對我直言不諱、會說出我不想聽的話、會說出讓我聽了不高興的話的人，才會使我成長。

必須培養興趣

接著，就是透過你的興趣，養成其他領域的能力。不久前，我在 Trevari「職涯加速器」的活動和他人一起討論《工作就像遊戲》[18]這本書籍，藉此讓參加者知道我們不

---

17 意為沒有品牌的衣服。
18《일놀놀일》，台灣尚未出版。

該把興趣當成工作,並分享透過興趣來提升自身能力的方法。簡單說,就是更深掘我們的興趣,「深掘」一詞是明星講師兼 MKYU 總經理的金美京在某次演講中提出的用語,指的是在與工作無關的領域投入大量時間和熱情。他說若能深入挖掘自己喜歡的事物、讓自己活得開心,就可以確立自己未來十年後的方向。

我最近在 YouTube 上觀看並深掘著名講師的成功故事和講座。吳恩永博士的《我珍貴的寶貝》系列和精神科醫師梁在鎮的諮商內容可能是目前的 MZ 世代所需的指引。我先前只能使現有產業加速,但現在看了這些影片後,我已經可以透過我獨有的訣竅,以更具體的方式針對某人的職涯提出建議。

有許多領導階級的人士在受訪時都會提到「書」,有位作家總是把「我們看的書會決定我們未來的十年」這句話一直掛在嘴邊。試著把你過去一個月內或一年內讀過的書籍條列出來吧,那些書將讓你知道你所描繪的未來為何。

不久前,我和 MEGA COFFEE 的金大英執行長見面時,我們也聊到了書籍,他說,每當遇到瓶頸時,他就會看人文書籍,人文書籍裡有著經營方面的答案,並提到,即便只是做一件簡單的事情,人文學科也可以賦予你做那件事情的意義,並讓你更熱愛那件事情,這正是人文學科的力量。

必須了解技術才行

最後，我們必須努力了解未來的技術。只有從事與技術相關的專才才必須理解技術是人們的成見，世界瞬息萬變，為了理解各種不同的職業群體，就必須理解技術，因此我每個禮拜都會看三、四部 TED TALK 的影片，尤其是和技術相關的 TED TALK 可以讓我更了解新興職業族群。

不久前，我和公司的一位組長聊到「智慧城市」。他問我：「Elaine 為什麼要問智慧城市的事情？」我告訴他我正在增進新的知識。公司內部正在進行許多智慧城市、智慧家庭、智慧汽車相關的大小專案，我想讓他知道我已經準備好隨時參與這些專案了。我在和他喝下午茶時，也委婉地暗示他，我不僅是以 MZ 世代為目標族群事業的加速器[19]，我也可以當新技術的加速器。

從現在起，要是有新技術加速器相關的人才招募資訊時，他就會想起我今天曾和他談過這件事情：「啊！我記得 Elaine 對這方面很感興趣」。向周遭的人宣傳我擁有的背景知識，就是我從專家變成通才的基石。

---

19 Accelerator，指的是幫助公司加速成長而存在的組織。

第七章

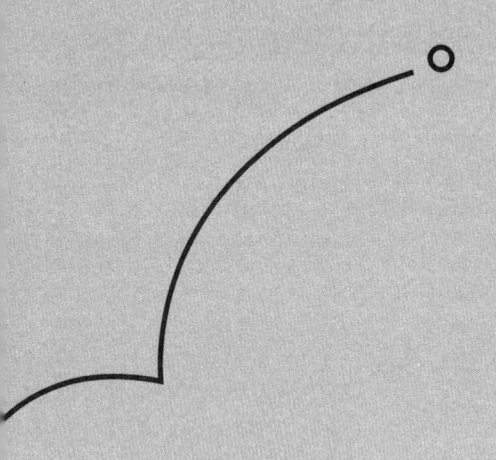

問「為什麼」

為什麼要問「為什麼」？

我學生時期就是一個點子很多的人，因此老師常常會在我的聯絡簿上寫「注意力不集中」。但真的注意力不集中的人，難道不是坐在後排、想著與上課無關的事情、對老師的話沒什麼反應的人嗎？我認為，老師會說我「注意力不集中」的關鍵原因，是因為我會一直提問，我只要一遇到好奇的事情，我就會衝動地提出問題，不把老師的話聽完，因此我小學時期的綽號是「提問王」。

但一直到現在才有「很常提問等於好奇心旺盛」的觀念，但以當時來說，老師在講解時，學生必須被動地接受、抄寫老師的話語才行。

對我這種好奇心旺盛的人而言，最大的問題是考試。只要在考試過程中看到我覺得奇怪的詞彙或表達，我就會無法集中精神答題。我曾在某次考試時，用回答簡答題的方式回答選擇題，據說，老師曾開會討論該如何給我分數，他們認為我回答的內容是正確的，但並沒有按照答題方式答題，因此算我一半對一半錯，最後在滿分為一百分的考試拿下了五十分。

只有提問才能成長

但這點在美國卻完全不同,美國的文化就只是把問題當成問題而已,並不會把你的提問當成反對意見或抨擊,我目前任職的公司對於提出問的想法也跟美國一樣,倘若沒有提問,就等同於是在單方面對話。在美國所有會議結束前都會問「有沒有問題?」這句話真正的目的是鼓勵人提問,但在韓國很常沒有提問時間,即便有提問時間,通常也只有短短 5 分鐘左右而已。提問才能讓彼此提出的意見錦上添花,達到真正的共鳴。

那麼,我們該提出什麼樣的問題呢?

- 目的相關的問題
- 時間相關的問題(預期時間)
- 嘗試時曾遭遇過的困難
- 是否可以估計需要協助時請求他人協助

西蒙・斯涅克(Simon Sinek)是管理圈的明星講師,也是暢銷作家。他在「偉大的領袖如何激勵行動」(How Great Leaders Inspire Action)的演講中提到,無論要做什麼事情,為什麼(Why)比什麼(What)及如何(How)更重要。

「為什麼」之所以重要，是因為「為什麼」就是做這件事情的目的，「為什麼」存在於創立一間公司的理由、存在於設立一個組織設立的理由，也存在於你的日常任務中。如果你不曉得為什麼要做這件事，你就無法徹底激發出做這件事情的動力。

西蒙・斯涅克的黃金圈（Golden Circle）

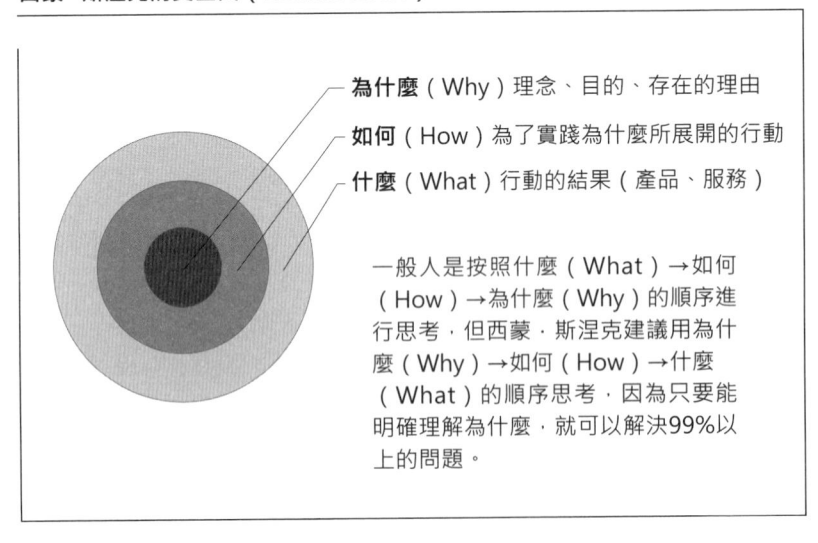

為什麼（Why）理念、目的、存在的理由
如何（How）為了實踐為什麼所展開的行動
什麼（What）行動的結果（產品、服務）

一般人是按照什麼（What）→如何（How）→為什麼（Why）的順序進行思考，但西蒙・斯涅克建議用為什麼（Why）→如何（How）→什麼（What）的順序思考，因為只要能明確理解為什麼，就可以解決99%以上的問題。

斯涅克以 Apple 為例，如果 Apple 只是一間單純販售手機的公司，就不可能斥資鉅額在設計和資安上，但當 Apple 把「為什麼」賣手機的理由，轉變為提供讓人們有生活風

格的行動裝置,包括人們熱愛的技術,蘋果的存在價值就變得有意義了。

我最喜歡的戶外服裝品牌巴塔哥尼亞(Patagonia),品牌概念是環境,「我們是為了拯救這顆行星而存在的」(We are here to save the planet.)。一旦他們變成一個單純販售戶外服裝的品牌,他的存在價值就會減弱,由於環境是他們的首要任務,他們所有的營利活動都與環境息息相關,舊衣修補、環保活動及所有生產過程都顧及環境,貫徹永續製造的信念。要是不理清「為什麼」,就什麼都找不到,這與賽馬時,在不知道為什麼要贏的情況下奔跑是同樣的道理,了解我為什麼非得奔跑時,才能發揮出自己的主導性。

先提問,才能知道為什麼我要做這件事情

當你理解了某件事情的目的——「為什麼」,自然而然就會知道會得出什麼結果、該如何做。接著再以此為基礎,區分出輕重緩急和對象就行了。

首先,為了判斷事情的重要程度,先判斷出急迫性非常重要,一旦區分出了每件事情的優先順序,就可以知道什麼事情對我是最重要的、我非做不可的事情是什麼。

「沒錯，現在做！急迫的事情！」vs.「不必現在做，這並不是非做不可的事情」。

接著，統整一下這些事情是為誰而做的，當你理解為什麼這件事情對別人來說是必要的任務，你才可以進一步得知這件事情對我有什麼意義。

我們得先了解這些事情，才能發揮出我們的動力。來整理一下我為什麼要做這件事情的理由吧。

- 「我來做的話是最好的！」：這件事情非做不可，但因為我做得比別人好。
- 「只有我能做。」：這件事情非做不可，但除了我以外沒有其他人可以做。
- 「對我有益。」：雖然交給其他人去做也可以，但這件事情對我的成長有益。

真的「為什麼」vs. 假的「為什麼」

　　這世界上有「真的」為什麼和「假的」為什麼。不久前，我輔導了一位在 LG U+ 工作六年的員工，他說他的「為什麼」是金錢，因為他才剛結婚一年，他想趕快賺錢，儘早讓妻子過上幸福的日子。此外，他還說自己想生三個孩子，希望可以讓這三個孩子衣食豐足。但當我告訴他，對他來說，金錢只是方法罷了，這是「假的為什麼」時，他十分錯愕，但無論有沒有錢，他都希望讓家人幸福，所以這才是「真的為什麼」。在達成目的後，方法存在的理由就消失了，雖然我說要問「為什麼」，但其實「真的為什麼」本身存在的理由就十分明確。也就是說，那位員工想讓家人幸福，其實只需要一定的金錢，但當他賺到一定的錢，足以「讓他的家人幸福」時，他就不需要再賺取更多的錢，所以金錢是「假的為什麼」。他說他只要有 100 億韓元[20] 他就會立刻離職，不再工作，相反地，對於金錢是「真的為什麼」的人來說，無論賺再多的錢他都不會

---

[20] 約台幣 2 億 3000 萬。

停止賺錢。

　　只有時時刻刻了解「為什麼」，才能在那件事情上竭盡全力。好，當你確立好「為什麼」後，就需要持續繪製職涯圖表，如此一來才能好好檢查你的「為什麼」。在Y軸上寫上我的「為什麼」吧。那什麼時候該繪製職涯圖表呢？

繪製職業圖表來找出真的「為什麼」吧！

馬斯洛的需求金字塔圖

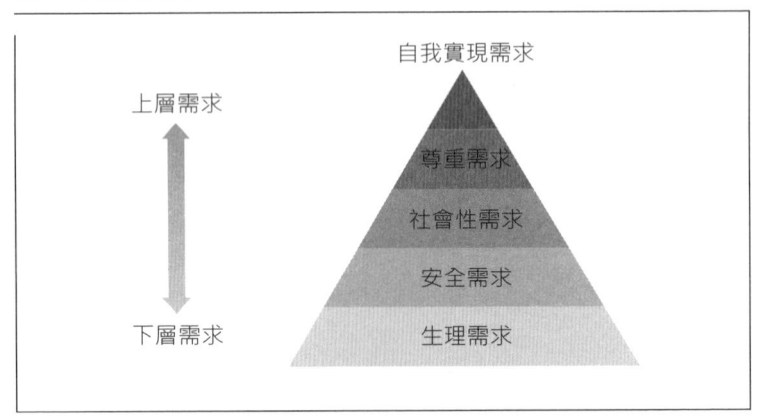

上層需求　↕　下層需求

自我實現需求
尊重需求
社會性需求
安全需求
生理需求

　　當你覺得職涯方向模糊不清時，就繪製職業圖表吧！根據馬斯洛的需求層次理論，人類從最基本的生理需求開

始向上追求最高層次的自我實踐需求。Job 通常會被翻譯成工作，Career 則會被翻譯成職涯，職涯就意味著方向。我們之所以會有一個穩定的工作，通常是基於生理、安全和歸屬感，但職涯是一個方向性，決定你如何讓你的尊重需求以及自我實踐需求獲得滿足。我們必須在這個步驟將我們想追求的事物標在我的需求金字塔上。

職涯圖表範例：金勳廚師的職涯圖表

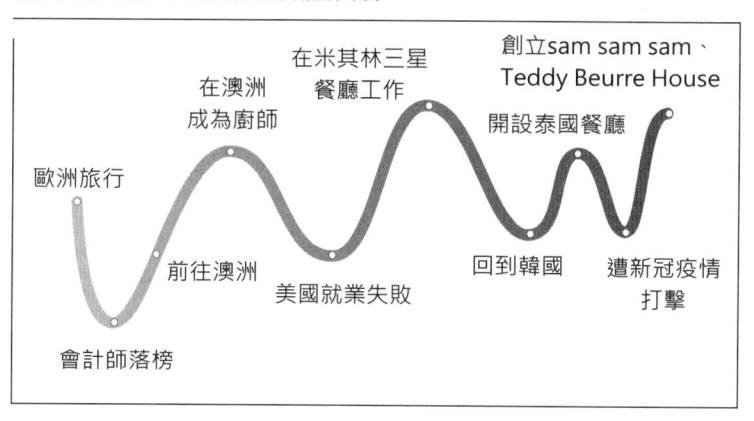

歐洲旅行・會計師落榜・前往澳洲・在澳洲成為廚師・美國就業失敗・在米其林三星餐廳工作・回到韓國・創立sam sam sam、Teddy Beurre House・開設泰國餐廳・遭新冠疫情打擊

我在網路上流傳的眾多職業圖表中，選除了一張可以引起大部分人共鳴的職業圖表。上圖是龍理團路熱門名店的 sam sam sam 和 Teddy Beurre Hous 主廚金勳的職業圖表。這張職業圖表的關鍵在於高低起伏。如果起伏幅度不大，總是維持著差不多的幅度，就表示這個職業不會有太大的風險，也不會有太嚴重的失敗，想提升某件事情，往往都

要先退後一步,才能前進兩步。倘若你尚未採取任何行動,就不可能突然從零爆發到顛覆性成長。嘗試某些事情時,起初可能會讓你以為在退步,但之後卻會突然呈現出成長的趨勢。

繪製職涯圖表的準備物品

　　為了繪製職涯圖表,必須先準備三樣東西。首先,需要一顆赤裸裸的心,職業圖表是一種掌握目前狀況的過程和結果產物,不為別人,只為自己,我們在做健康檢查時,之所以可以誠實的理由,就是因為我們拍攝核磁共振(MRI)或電腦斷層(CT)時,必須赤裸裸地在機器面前展示自己的身體,職業圖表也是如此,必須持赤裸裸地審視自己的內心。想要看起來很優秀的心情、想看起來比別人厲害的心情、想欺騙自己已經避開最糟狀況的心情,這些情緒通通都要拋開才行。為了正確地理解自己的職涯,必須坦承自己的想法。

　　第二,是好時機,雖然平常偶爾也會出現這種心情,但有的時候真的很不想去公司。以我來說,就是要報告一件我完全沒有準備的事情或是進行我不想舉行的商務會議

的日子，在這樣的日子裡，不適合繪製職涯圖表，在嘆息聲中繪製出來的職涯圖表會嚴重扭曲現實。相對的就是等待著發薪水的日子或表現被認可的日子，也不是適合的時刻，開心哼著歌、陶醉於自身成就的日子，可能會導致過度誇大職涯，因此最適合的日子就是介於嘆氣和哼歌之間的日子，就是個普普通通，平凡呼吸的日子。

第三，必須知道參考軸為何。如果想知道職涯圖表Y軸的「成長」是什麼，就必須釐清成長之於我的意義為何。對於某些人來說，成長就意味著薪水上漲、拿到的獎勵增加；對於另一些人來說，成長則是來自於學習新的事物和提升能力；而對於某些人來說，增加公司內、外的人脈，擴展自己的人脈才算是成長。只有了解我的成長基準是什麼，才能繪製出一個以正確方法，朝向我期望方向的職涯圖表。我們先思考一下我們認為的成長是什麼。當然，可以不只一個，提升自己的能力以及得到獎勵都可以算是成長。

- 獎勵成長：薪資提高
- 能力成長：學習到新事物
- 職級成長：職級、薪水等成長
- 權力成長：我的決策範圍增長
- 網絡成長：公司內外部人脈增加

對於在 LG U+ 和我關係密切的 E 先生而言，他在公司的影響力就是他工作的動力。他繪製出了兩張職業圖表，分別代表「受他影響的人數」和「影響程度」，並持續檢視自己是否對很多人產生深遠的影響，且時時刻刻都在思考可以為他人帶來更多影響的方法。

第八章

善用名為「敏感」的武器

敏感也無所謂

敏感的人是敏銳又細心的，會認真、仔細地完成工作。人們都說細節創造經典，因此敏感的人是重要且必要的存在。但為什麼我們會認為「敏感」這個詞彙是負面的呢？這是因為人們對敏感的人有種偏見，認為敏感的人容易受傷、過於在意不重要的事情、過度為他人著想。即便是在公司內部，敏感的傾向也是負面的嗎？不，不盡然。在公司裡，敏感就等同於競爭力。「Sensitive」敏感的意思，但更準確來說，「Sensible」才是對的，也就是能夠敏銳地應對微小變化的力量。

敏感的人擅長細節

五感發達的敏感人士，可以敏銳地發現被他人錯過的微小細節，此外，也能發現產品的瑕疵、聽懂他人想表達的意思。和我一起工作的領導人士中，有一位 Y 小姐，她

是 LG 集團首位女性財務長。從她進入 LG Dacom，到成為首位女性財務長這段過程中，她經歷了許多苦難，其中最具代表性的例子是她曾經歷過三家公司合併。我曾問過她如何在一間公司奮鬥這麼長時間，在她的回答之中，有一句話令我印象深刻：「直到最後一刻、在任何狀況下都不能錯過細節」。有些人在工作上只注重大方向，但要是缺少細節，一切就會像沙堡一樣，唯有不錯過任何細節，沙堡才不會塌陷。這是敏感的人才能擁有、敏感的人才能展現出來的能力。

這個特質也適用於私人場合。記住某人曾說過的話、或某人喜歡的食物，記住這種瑣碎的事情，日後遇到和那個人有關的事情時，就可以派上用場，體貼對方。

敏感能夠察覺細微的變化和產生共鳴

以前有一位 CJ 的同事曾說過「Elaine 有觸角」，有觸角的昆蟲相較於其他昆蟲，可以更快速地察覺到環境變化。我可以敏銳地掌握他人的喜好或傾向，因此很容易就能發現變化和內在的含義。如果以理性層面與他人相處，可能會覺得那個人的變化是突如其來的，但若是可以提前

掌握到那個人的微小變化，就可以提前預測到這個人可能會突然改變，提前掌握到這些微小變化就是敏感特質的競爭優勢。如果可以提前意識到這種變化，就會不覺得某人的行動很突然，而是會慢慢覺得「啊，這也難怪」。

《不是敏感，而是細膩》[21] 一書中提到，天生敏感的人可以在不知不覺中辨識出人們需要什麼，而且成功機率非常高。容易產生共鳴的人很能設身處地理解他人的立場，認為「啊，我就知道會這樣」。

在全球市場中，敏感才能致勝

有許多新創公司只瞄準韓國市場，但我總會建議他們積極放眼全球市場。如今，隨著科技的進步，時間和空間的限制正在消失，變得越來越多元，即便是微小的差異，也必須察覺才行。

美國美妝龍頭產業雅詩蘭黛併購的首家亞洲美妝品牌是 Dr. Jart+，雅詩蘭黛以 2 兆韓元收購 Dr. Jart+。2019 年夏天，我在紐約曼哈頓的辦公室見到了 Dr. Jart+ 的創辦人

21《예민한 게 아니라 섬세한 겁니다》，台灣尚未出版。

李振旭先生。我認為 Dr. Jart+ 之所以會被收購，是受到李振旭先生個性的影響。他是一位對「顧客需求」十分敏感的人，想知道李振旭先生掌握顧客需求的程度，就必須先說起 Dr. Jart+ 的品牌故事。

2004 年，李振旭因緣際會下去拜訪了一位皮膚科醫生，他在那裡目睹了數十位韓國女性為了治療皮膚花費大量時間和金錢，這也是他切身感受到韓國女性對與「好皮膚」的渴望的瞬間。當時，韓國正處於醫學美容的春秋戰國時代，CNP、Dr.G 等都相繼推出保養品牌，這些品牌的核心概念就是以皮膚科為主軸打造出「好皮膚」，這些品牌都是專注在製造保養品。將美白、抗皺、抗痘等特定成分添加到精華液或是乳霜中，但讓 Dr. Jart+ 在市場上掀起波瀾的並不是保養品，而是美妝產品。

李振旭先生發現，女性們真正想要的並不是「好皮膚」，而是「看起來皮膚很好」，他著眼於讓目前仍在皮膚科治療青春痘問題、有著皮膚過敏問題的人，也可以塗抹 BB 霜遮蓋花花綠綠的臉部。除此之外，容器也不放過細節。Dr. Jart+ 是以資本額 5000 萬韓元[22]起家的公司，因此化妝品的容器選擇了市面上的既有的容量大小，但在選擇容器型態的會議上，他並沒有錯過材質的細節。乳霜通常

---

22 約 119 萬台幣。

都是裝在塑膠容器裡，但他選擇將乳霜裝在鋁管裡，讓乳霜可以像擠牙膏一樣擠出來，甚至附上可以將鋁管擠到最後的擠壓器。幾年後，擠壓器停止生產時，仍有許多顧客要求重新上架。李振旭敏銳地捕捉到了製造化妝品數十年的我們都未曾注意過的細節，而這些細節都符合追求新花樣的消費者的需求。

敏感具有獨特性

　　只考慮理性層面時，人類的能力比不上 AI。AI 是基於現有數據，提出最有效、效果最佳的方法，因為是依現有數據判斷，AI 也只能合乎邏輯。

　　但也正因如此，在 AI 時代，感性能力越來越受重視。與李振旭具有類似特性的人是從 Dr. Jart+ 創始時期負責設計和行銷的李貴晶女士。李貴晶女士和李振旭先生同樣都是主修建築系，並在 Dr. Jart+ 廣告中聘請建築系學生擔任模特兒。

　　李貴晶女士對於先前的化妝品廣告中都只選用外表貌美的模特兒這點提出了疑問，她說：「美女的標準雖然是由大眾決定，但美麗只有一個定義的想法太過時了」，首次聘

請了與大眾審美不同的模特兒，她們有雀斑、是單眼皮、臉型也不對稱。這個廣告轟動一時，充滿個性的色彩，人們對這樣新穎的概念十分反應熱烈。如果讓 AI 選用美妝模特兒，AI 是不是會選擇與既有數據風格相似的美女呢？

我在 Dr. Jart+ 工作時，我提出了一個痘痘肌專用化妝品草案給李振旭先生和李貴晶女士。這個草案效仿了 Innisfree，選用溫和成分，盡量減少皮膚的刺激，但李貴晶女士一口回絕了這個提案：「這不是 Dr. Jart+！」當時的我不懂這句話的意思，直到 Dr. Jart+ 這個品牌經營了一年多之後，我才隱約明白了這句話的涵義。

我們最近常常使用「○○風」這個詞彙。雖然很難定義「Apple 風」的意思，但可以直觀地想像得到它的含義。這種表達方式並不是用頭腦思考的，而是以「感覺」來體會，這就是「感性」。在行銷時，需要耗費許多時間和成本來建立出這種感性，因為這種感性是獨一無二的，具有獨特性的「感覺」是他人模仿不來的。

如何培養感性洞察力

人們經常搞混感情用事和感性用事。在見到 Dr. Jart+ 創辦人李振旭之前,我也會刻意避免感性用事。但感性是「我獨特的標準」,雖然不能光靠感性解決所有事情,但只要可以滿足我的感性,就可以讓我工作時更加愉快。

- 視覺:美術館、公園、大海等
- 嗅覺:香水、花朵等
- 味覺:美食店、咖啡廳、甜點等
- 觸覺:陶藝、料理等
- 聽覺:樂劇、演唱會、新語言等

刺激五感才能培養出感性。有一個能夠刺激五感的東西,那就是「空間」。直至目前為止,包含韓國在內,我曾在二十幾個國家生活,各種不同的空間體驗賦予了我感性,因此,我們必須嘗試接觸新的空間。

找出專屬於我的避難所

請找出可以讓你的五感擺脫壓力的避難所，讓你的情感可以在這個安全的空間裡充分發揮。只有安全、位於受到保護的空間時，創造力才可以更蓬勃、發揮得更活躍。

對我來說，我家門口的咖啡廳就是這樣的地方。首先，空間必須符合我的喜好，挑高、陽光充足的地方，其他的附加條件也十分令人滿意。老闆安靜、咖啡溫度適中，而且是個外來人士不多的地方。我可以在這裡自由自在地使用 iPAD、整理日記、發想對於生活的想法以及腦力激盪。我的五感可以在這個空間裡持續發揮。

定期去以前從未去過的地方吧

首爾的首爾路 7017 是以紐約的高架公園為原型發想的，我工作的地點距離首爾路 7017 只有 5 分鐘路程，所以我很常去。首爾路 7017 是一條以首爾站為起點，可以邊漫步邊俯瞰車水馬龍的市中心步道，而紐約的高架公園則是漫步在曼哈頓之間，可以體驗獨特的建築和紐約的空間。

這些空間之所以具有魅力，是因為這兩座公園都是位於市中心，是一個可以體驗到車子從腳下呼嘯而過、有著獨特風景的環境。當我在在紐約高架公園和首爾7017上，我不會被「要小心車子」的想法所束縛，可以隨心所欲地欣賞著車水馬龍的景象。那個瞬間，我總覺得車子就像賽馬一樣，不斷奔馳的模樣也與我有點相似。

自然可以帶來很大的靈感

　　走訪一個人煙罕至的空間吧。我想你應該聽說過很多次，自然可以治癒人心，透過這種治癒，五感會變得更加感性。此外，大自然會以最極端的方式喚醒我們的五感，因為大自然的色彩比任何顏色都要來得絢麗。你見過真正的蔚藍色大海嗎？你見過真正的翠綠山麓嗎？如果你曾見過，你就會知道大自然的色彩遠比人類所創作出的任何顏色都要來得強烈。今天，問問你自己吧。

- 你聞過大自然的味道嗎？
- 你聽過大自然的聲音嗎？
- 你觸碰過大自然嗎？

約翰・霍普金斯大學復健科的鄭泰煥教授很常強調大自然所帶來的靈感。我十分好奇，一直在韓國過著安穩生活的他，是如何在沒有關係、沒有簽證的情況下前往美國擔任醫生的，而他最後成為約翰・霍普金斯大學教授的人生經歷也激勵了我。

　　鄭泰煥教授說，每當他遇到困難時，他都從大自然得到了力量。無論是他在韓國天主教大學就讀醫學院，思考自己的未來時，或是身無分文移居到美國時，大自然都是他的力量。這點我也一樣，當我遇到困難時，我也會刻意讓自己徜徉在大自然，在海邊散步、在湖邊看書及、在山腳野餐等。這樣的時光讓我對自然的氣味和聲音變得敏感，讓我變得更喜愛大自然。

　　過去五年來，每當我經歷大大小小的挫折時，我都能在大自然找到療癒自己的力量。大自然治癒了我從人類那裡受到的傷害，也給了我前進的力量。

PART 3
Elaine 的職涯諮詢中心

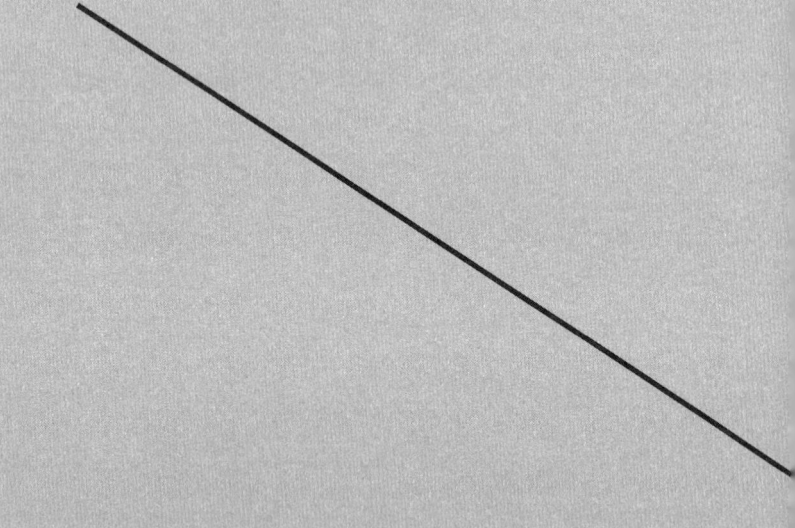

第九章

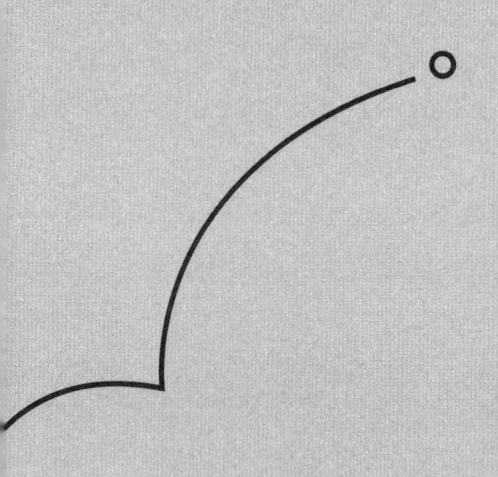

跳槽與輪調

Q1
在公司內看不到願景
在中小企業從事研究領域七年的三十歲中後段讀者

對未來會感到不安其實是件好事，因為沒有不安就不會去準備未來，如果在這樣的狀況下迎來五十幾歲、六十幾歲的退休人生，會如何呢？在二、三十歲對於此事感到不安，有條不紊地提前準備，是非常值得鼓勵的事情。

最近很流行一個詞彙，叫「假性飢餓」，是一種在某個時刻、某個狀況下覺得自己需要進食的感覺，但其實你並不是真的飢餓，而是大腦欺騙你的假性飢餓。同理，我們也必須審視自己對於未來願景的焦慮是否真的是「真性焦慮」，還是只是杞人憂天的「假性焦慮」。

以三個步驟檢查你的願景，並確認你在目前的公司是否真的無法實現這個願景。如果是這間公司就可以達成的願景，那就可以判斷為是「假性焦慮」，只要在現在的公司好好累積職涯經驗就可以了。反之，若這真是不能在現在的公司實現的願景，那就必須制訂出可以實現願景的行

動計畫。

第一步　繪製未來願景

願景就是你未來想成為的樣子。現在，請問問「未來的你」吧。

「未來的你想成為什麼模樣？」

寫下期限，可以勾勒出貼近現實的藍圖。

「未來三年，你想得到什麼？」

「未來五年，你想成為什麼模樣？」

我建議用馬斯洛的需求層次理論來組織你想滿足的需求。在我輔導過許多人之後，我發現了一個現象：資歷越淺的人，對於上層需求的越強烈。一般來說，在韓國公司裡，年紀較輕的員工很少受到社會性的尊重，由於相對剝奪感，導致他們會更渴望社會性和尊重的需求。

相反地，資歷較深的員工大多是下層需求，希望工作穩定，這是因為他們在公司裡已因為資歷受到他人尊重和認可，因為已經處於隨時離開公司都不意外的年紀了，所以格外追求「安穩」。至於自我實現的欲望則與資歷無關，常見於自我成長欲望較強烈的員工。

第二步　整理需求

現在整理一下你現在待的公司所能滿足員工的需求。

思考各個職級可以達到什麼樣願景，就能知道三年後、五年後，公司內部可以滿足哪些需求。

	目前公司可以滿足我的需求	目前公司無法滿足我的需求
一般職員	生理需求	社會性需求
主任	自信 （能夠獨力解決事情的自信）	尊重需求
課長	領導能力 （可以領導一個部門的 初階管理階層的職位）	學習需求 （曲線沒有主任級時 那麼陡峭）
經理	認可	不安 （首次思考未來的不確定性）
高階主管	尊重需求、社會性需求	不安 （不曉得何時會離開、 不曉得明年是否還能維持 相同職級的空虛感）

第三步　找出需求的交集

請看看你對於未來的需求和公司可以滿足你的需求是否有交集。如果有交集，就表示你的焦慮是「假性焦慮」，若是不存在任何交集，你所感受到的焦慮不安就是「真性焦慮」，如此一來，就需要制訂出一個可以消除你焦慮的計畫。

※制定行動計劃

用跳槽來滿足願景（未來需求）吧。在下一個問題中，我將告訴你一些跳槽相關的訣竅。

Q2
我想跳槽，提升我的薪資
在大企業從事出版領域五年的三十歲初讀者

　　上班族平均跳槽次數為兩到三次，近來，這個數字一直不斷增加。以前在面試時，「為什麼要跳槽？」通常會被列為關鍵問題，因為以前跳槽的狀況並不常見。但現在除非換工作換得很頻繁，否則不太會詢問跳槽的原因，通常只有在一年內換工作的次數達到一定次數或某個在工作只做了六個月以下時才會詢問原因。

　　我也有數十次以上的跳槽經驗，也是一名跳槽時曾收過二十家以上個公司聘書的專業跳槽家。因此，經常有人來找我輔導跳槽相關的事宜。想成功跳槽，就必須掌握需求的優先順序。首先，統整一下我想要、但公司無法給我的東西，接著寫下離開這間公司時覺得最遺憾的一點，這將會成為你跳槽時最遺憾的要素。接著用圓圈來表示上述要素的重要性。圓圈越大，就表示這個要素越重要，相反地，圓圈越小，就表示這個要素越不重要。

必不可少的東西
必須擁有

有也很好，
沒有也無所謂
希望擁有

　　必須選出一間可以滿足首要需求的工作。離職與第一份工作不同，我跳槽後，會帶走我至今在職涯中所累積的東西，許多人脈和經驗，這些東西都會成為我的武器，讓我不會再像新手一樣被牽著鼻子走。根據 Saramin 2020 年的資料顯示，有 50% 的機率會跳槽失敗，但做足功課，還是有辦法跳槽成功。一起來看看需要提前調查什麼事項。

第一步　了解薪資

　　就算薪資不是首要需求，也絕對是不可或缺的一項要素，即便現在的滿足了所有需求，如果沒有基本的薪資當後盾，最後也會跳槽。我們公司也曾遇過在收到新公司的錄取通知前，就向在職公司表達辭職意願的員工。若在這種情況下離職，就等同於你已經有百分之百的跳槽意願，在這種狀況下就很難針對薪資進行有利的協商。因此，在你想跳槽的公司確定要給你多少薪資前，都必須抱持著

「直到離開公司前都不算是離職」的心態面對才行。我也曾經因為還沒確定是否跳槽成功，抱持著我要離職的念頭繼續上班。在簽訂新的工作合約之前，絕對不能向現在的公司表明辭職意願。

第二步　了解流動率

一定要先確認跳槽公司的流動率。如果流動率與產業平均相比過高，就必須小心。尤其是整體流動率明顯偏低，但流動率卻在近一年內明顯上升，就必須詳細地詢問。當被問及問到為什麼流動率這麼高時，人資經理不能說謊，必須在一定範圍內老實回答才行。

第三步　收集數據

為了確定我想跳槽的公司是否可以滿足我想要的要素，必須收集公司所有的資料才行。雖然案頭研究（Desk Research）就夠了，但我建議你無論如何都要見見你要跳槽的那間公司的員工，就算真的辦不到，去找從那裡離職的人也是一個好方法。透過 LinkedIn 或 Facebook 積極聯絡就可以和他們見到面了。人資經理只能講場面話，就算得透過人牽線，也必須努力了解公司情況才行。

Q3
我在同一間公司待了 10 年，我會被淘汰嗎？
在中堅企業從事行銷企劃的三十中後半讀者

比起長時間在同一間公司工作很久，我更重視的是工作的領域是否逐漸擴大。想了解成長的幅度，就要用縱向和橫向的角度來觀察業務的擴張範圍，觀察一下在我這個年資，業務範圍是水平擴張還是垂直擴張。

年資越低，擴展水平方向的業務就越重要，因為在年資低時有越多經驗，在選擇自己喜歡做的事情或想做的事情時，選項就越多；相反地，年資越高，擴展垂直方向的業務就越重要，如果年資高卻只往水平方向擴展業務，在高年資者之間的競爭力就會下降，當你擁有與新進員工不同的決策權時，你才具有競爭力。

第一步　確認業務範圍是否有水平擴張
看看你的業務範圍是否往水平方向擴張。即便在同一

間公司待了十年，也有人因為業務範圍朝水平方向擴張而體驗到類似跳槽的成長效果。來看看同樣在公司裡待了十年的職員 A 和職員 B 的狀況。在職員 A 和職員 B 之中，誰正在經歷水平方向的業務擴張呢？

- **職員 A**：人資單位兩年＋行銷單位三年＋營運單位一年＋戰略單位一年＋新品企劃單位兩年
- **職員 B**：人資單位五年＋總務單位五年

僅從是同一間公司這點看來，職員 A 正在進行業務擴張，但如果你的情況跟 B 一樣，沒辦法進行業務擴張，業務範圍受限的機率就會變高。

第二步　檢查業務是否有垂直擴張

但現在就下判斷還為時過早，還得看看你的業務是否往垂直方向擴張。業務的垂直方向擴張代表職權範圍擴大，其中也包含了領導能力、決策權等。再來看一次在人資單位待了五年、在總務單位待了五年的職員 B。

職員 B

- **人資單位五年**：快速晉升為主任、課長，被拔擢為人資單位的核心人物，擔任過其他公司的人資系統標竿管理組。

- **晉升總務副理五年**：晉升兩年後具有簽訂合作備忘錄及外包公司投標決定權，監管額度增加至 1 億。

雖然職員 B 的水平業務擴張受限，但可以看出垂直業務擴張有大幅增長。因此，你必須看看目前你的業務是否正在垂直擴張，才能確定自己是在成長或是倒退。我建議你問問自己：
- 與以前相比，是否擁有更多決策權？
- 是否為參與重要決策會議的一員？
- 主導權是否變更大？（預算、雇用等）
- 發言權是否變更大？（於公司內重要高階主管會議時提出新專案等）

第三步　檢查公司內、外部人脈

最後則是檢查公司內、外部人脈是否持續擴張，我的人脈就等於我的視野。如果和我一起工作的人一直都是一樣的，那我在公司內、外部的可見視野就會變得越來越狹窄。因此，我建議你換畫一張你十年前的核心圈（Inner Circle）圖。

核心圈指的是那些至少佔據我和他人相處時間 10% 的人們。例如，如果你工作的 8 小時內，有 50% 的時間需要和他人開會或和他人對話（包含非工作相關的對話），接著

就可以計算出 10% 的相處時間是多久。

一天工作 8 小時中的 50% ⇒ 一天 4 個小時 × 五天 ⇒ 每週 20 個小時 ⇒ 其中和我交流時間佔 10% 的人，就等於是一週和我交流 2 小時以上的人

以我為例，我每週交流 2 小時以上的人包含我的直屬上司和特殊小組的午餐夥伴。核心圈之所以重要，是因為和我合得來的人的能力和他們在公司的地位會直接影響到我在公司的地位和位置。因此，如果圍繞著我的核心圈幅度和尺寸持續擴大（水平方向），而他們本身在公司擔任的職位有所提升（垂直方向），你就絕對不會被淘汰，在同一間公司工作十年以上的這點反倒成了你的優勢，可以看出你正在成長。

★給資歷五年以上的員工的建議

在公司裡，已經沒有什麼事情可以賦予你動機、為你帶來靈感了，這是一件令人悲傷的事情，卻是你們必須要面對的一件事情。雖然這個例子很極端，但我以學校老師為例，我有一個好朋友現在在國中任教十年，他回顧自己十年來的職涯是這樣的：

• **任教一年**：糊里糊塗。被行政工作纏身的時間比跟被孩子纏住的時間更長，到底為什麼有這麼多共同工作？

看來學校裡面的所有雜事全都是我負責的。

• **任教兩到三年**：好像有點頭緒了。這個時期行政工作加快了，但所有的細節協調，例如雜事和課後輔導之類的事情都是我的職責範圍。

• **任教四到五年**；從現在起，已經不是資歷最淺的人了，不需要再做雜事了。從現在起可以專注在本業「教學」上面了，沒想到教導還有輔導學生這件事情會這麼困難。

• **任教四到五年**：逐漸培養出與學生相處的小技巧、懂得分離感性和理性，生活不再圍繞著學校。生了第一個孩子，預計休兩年育嬰假。

• **任教八到九年**：育嬰假。

• **任教十年**：雖然工作和生活很難取得平衡，但覺得這份工作本身很愉快，現在總算覺得自己適合任教了。

像這樣逐年檢視從新手教師到資深教師的過程來看，可以得知五年後外部成長的因素的就會減少。對於工作越熟練，從前輩或上司那裡可以學到的東西就越少。

從這個時期開始，我們常說的「倦怠期」就開始了，這種倦怠期很難在公司內解決。倦怠期不是在公司內解決，應該到公司外解決。當我處於職涯倦怠期時，我擴大了與公司外部人士的交流，也逐漸擴張人脈。透過朋友牽

線的聚會也好、需要付錢的聚會都好。從這個時期起，與其專注在公司內部的成長，不如專注提升工作的熟練度和公司外部的人脈。

Q4
害怕公司內的調職
在大企業從事金融投資八年的三十歲後半讀者

雖然害怕被輪調,但如果這是公司的規定,就很難避免了,既然無法避免,就要讓這件事情變成一件令人享受的事情或讓這件事情變成可以堅持下去的狀況。

我有一位在金融圈工作的朋友,每二到五年就會被輪調,但他不能因為討厭輪調就離開喜愛的金融業。因此,必須統整出輪調對工作帶來了什麼樣的變化,以及為何害怕輪調,進而透過輪調抓住可以擴展工作的機會。

第一步　設想以後的事情

如果你曾經歷過輪調,請寫下你覺得最困難和相對較容易的部分;如果從來沒有輪調過,則想像一下你輪調最困難和相對較容易的部分並寫下來,也要想像一下輪調時可能會發生的最糟狀況,把這些內容通通寫下來。

• 不適應業務

- 不適應組別
- 被那個組排擠

第二步　掌握真正的恐懼

我們必須挖掘出虛假的恐懼。寫下清單中每個項目實際有可能會發生的機率，機率從 1% 到 99%，我們無法保證什麼事情一定會發生或不會發生。

第三步　設想應對方案

現在將發生機率低於 50% 和高於 50% 的事情分開看，如果清單上的事情都是發生機率低於 50% 的事情，就表示你困擾著你的其實是虛假的恐懼。接著，再寫下當發生了你認為發生機率高於 50% 的事情時，你是否能應對。

- 低於 50%：虛假的恐懼
- 高於 50%：真正的恐懼

　　應對方案一：我有辦法處理嗎？處理所需的時間和費用是？有餘力動用資源嗎？

　　應對方案二：如果我沒辦法處裡，我可以請求幫助嗎？靠身邊的人或專家的幫助解決得了嗎？請他們幫助所需的時間和費用是？有餘力動用資源嗎？

其實不只是輪調，世界上有很多恐懼和不安都是虛假的恐懼和不安，有很多時候，我們所擔心的事情實際上發生的機率很低。如果對太多事情有著虛假的不安，就很容易受到焦慮症所苦。即便是有可能會發生的事情，也必須檢視這件事情是否在我可以處理的範圍內才行，畢竟世界上可以提前應對的事情並不多，但只要先做好準備，就沒有什麼事情是無法應對的。

★避不開的話就享受吧

我有兩個自我，一個是在歷經過數次跳槽後建立起來的自我。我的本性內向，但我在從事過各種工作後形成的自我是外向型的人。我的丈夫到現在偶爾還會對這件事情感到驚訝，早上看到的那個家人和晚上下班後看到的家人不太一樣。起初，家人還曾覺得疑惑，但由於這個情況太頻繁，以至於他們現在已經逐漸習慣了。

現在的我，可以在數百個人面前神態自若地發表演講，彷彿這是我的日常般，講課現在對我來說是家常便飯，我再也不會像以前一樣緊張了。也改掉了上課前要上好幾次廁所的習慣，現在可以更自在地上課了。

像這樣擁有不同面貌，可以自由切換角色。第一次輪調輪調很辛苦嗎？第二次是不是好點了？以後再有第三次、第四次就會變得自然了。在輪調時候，抱持著重新開

始的心態，想像自己開啟新的面貌。像這樣逐一累積我新的面貌，就可以成為無論在任何情況下都可以毫不慌亂地適應各種情況的人。

Q5
我待的公司是一個夕陽產業
在大企業從事餐飲業七年的三十歲初讀者

　　麥可‧桑德爾的暢銷書《成功的反思：混亂世局中，我們必須重新學習的一堂課》中指出，在中國出生的孩子，社會階級提升的機率比在美國出生的孩子實現美國夢更容易。中國這個國家本身在成長，所以即便付出相同努力，在中國出生的孩子成功機率更高，中國的成長體系起到了槓桿作用。

　　也就是說如果我所在的「組別／公司／產業」是夕陽產業，無論我再怎麼努力想成為超級巨星，組織還是有很高機率把我拖下水。當然，在夕陽產業中的確還是有人成為超級巨星，但相對的這個人需要付出遠超過平均值的努力。因此，如果我所在的組別、我任職的公司、我所屬的產業可以支持我的領域時，這件事情對我的成長是有利的。

第一步　掌握朝陽產業

從現在起，來看看我有機會轉職到哪些產業，從此刻開始，要調查很多趨勢和很多人見面。

先來看看五年前的朝陽產業。當時電子商務和觀光產業盛行，去明洞時遇到的中國人還比韓國人多，但凡事都有起有落，現在電子商務的成長趨緩，而旅遊產業要回到新冠肺炎爆發前的盛況還有好長一段路要走，那我們該如何預知五年後的狀況呢？在眾多捕捉趨勢的技巧中，下面三個技巧是我最喜歡的。

第一，人們都把錢花在哪？包括我在內的韓國人都花錢的地方就是朝陽產業。第二，人們都把時間花在哪？每個人的一天都是 24 小時，除去睡眠時間後，還剩下 16 小時左右，而韓國人把這 16 小時都花在哪呢？以前每天都是花 8 小時到 10 小時在工作上，但現在越來越多人把時間分配到其他地方了，也就是斜槓工作者、打零工。第三，人們都會去哪呢？必須了解人們會去哪裡才行，可能是韓國國內特定的區域，也有可能是特定的場所，只要知道人潮聚集的地方，就可以知道人們有興趣的事情是什麼，再以這個在資訊為基礎，就有能力可以預測出五年後的趨勢。

矛盾的是，這種趨勢雖然就在我們身邊，卻只有努力尋找趨勢的人才找得到。認真地思索、尋找、親身體驗，把自己打造趨勢捕捉者中的趨勢預測者。

第二步　了解所需的能力

統整一下未來五年朝陽產業所需的力量。有許多人會誤以為能力就是業務內容，但其實能力是「Skill Set」，彙整能力，才可以讓業務內容化為可能。

能力 =Skill Set
- 分析能力
- 企劃能力
- 協作能力
- 調解紛爭能力
- 掌握關鍵能力
- 分辨優先順序能力
- 創意性能力
- 分析數據能力

彙整能力後辦得到的事情 ⇨ 業務內容
- 有分析數據能力和掌握關鍵能力 ⇨ 調查趨勢的業務
- 有協作能力和掌握關鍵能力 ⇨ 開發新品牌的業務
- 有協作能力和調解紛爭能力 ⇨ 調解組別之間紛爭的業務
- 有分析能力和掌握關鍵能力 ⇨ 撰寫報告的業務

分析一個產業必須做的業務，就可以知道該產業所需的能力為何。我最近正在輔導公司內部各種資訊與通訊科技平台風險投資事業，因此必須知道組員本所需的能力，才能理解風險投資家的業務內容。

風險投資家必須執行的業務內容：①了解市場②掌握客戶的需求③企劃新產品、品牌、服務④透過行銷告知客戶⑤以客戶的反饋為基礎發展事業。

將上述的業務內容轉換為下列技能。

①調查市場業務 ⇨ 分析、掌握關鍵能力
②調查顧客業務 ⇨ 分析、掌握關鍵能力
③企劃業務 ⇨ 分析、區分優先順序能力
④行銷業務 ⇨ 創意能力
⑤企劃業務 ⇨ 分析數據能力

第三步　掌握能力的交集

我所擁有的能力和朝陽產業所需能力的交集就是有利於我跳槽的能力。交集越廣，跳槽到該產業就越容易。我以前從事的業務主要是新產品企劃，最重要的核心要素就是了解市場。我在愛茉莉太平洋、LG 生活健康還有 CJ 工作的十五年來，有 80% 的時間都花在分析市場，我大部分的時間都專注在市場上。而後，當我在考慮要在跳槽到另

一個產業時，我開始思考「我是市場分析的專家，但這種能力到另一個產業也派得上用場嗎？」並開始整理分析市場所需的能力。

　　我分析了市場分析這個業務後，得出這個業務需要大量掌握關鍵以及分析能力，再列出需要這項能力的職業族群。有哪些產業是透過分析、比較市場來做決策的呢？我當時和很多公司面試，但大部分都是以市場數據進行決策的產業，也就是投資業。和眾多金融圈新產品企劃組以及新產業加速器業者面試後，我最終跳槽到了另一家外商。我之所以能夠跳槽成功，並不是因為我掌握了該業務的關鍵，而是因為我十分了解這個產業所需的能力和我擁有的技能之間的交集。

> **Tip** 為了跳槽，每年都要做的事！

第一步　更新履歷表
每一年都要更新履歷表，只要更新履歷表，就可以冷靜地評估我目前從事的業務在市場上的價值。

第二步　製作我未來的履歷表
當我晉升到課長以上的階級後，我都會定期更新我的「未來履歷表」，我三年後的履歷表會長什麼樣子呢？這就是我想成為的樣子。我偶爾會在 Google 或公司內部看到那些拿到我想要的職位的人的簡歷。每當這時，我都會把他們的履歷儲存下來，並歸納出如何才能擁有這樣的履歷。

第三步　實際應徵
即使你沒有跳槽的意願，我也建議你每年投履歷給一到兩間公司，因為你可以在面試的過程中找出自己的不足之處，在公司裡這種機會是十分罕見的。逐漸累積這種機會，不儘可以提升面試的技巧，也可以改善自己的不足之處。

第十章

工作的價值和意義

Q1
我的工作好像是後勤部門的工作
在大企業從事行銷領域的二十歲中後半讀者

　　首先，我們先來了解一下後勤部門和前線部門。一般來說，後勤部門指的是不會直接參與交易或簽約過程，而是從在後方給予支援或協助的部門；而前線部門原本指的是飯店裡最先與顧客接觸的空間，但現在指的則是負責公司核心業務的部門，此外，還有一個中間部門，指的是從事管理企業風險和法務的部門。乍看之下前線部門負責的業務似乎是最重要的。如果我目前從事的工作是後勤部門的工作，針對想變化的部分以及如何改變制定出行動計畫十分重要。

第一步　了解我的部門
　　你待的部門是會花費公司經費的部門嗎？是一個當公司面臨困難時，可以請外包處理工作的部門嗎？

- **後勤部門**：會花費公司經費的部門、可以請外包處

理的部門（例如：人事、財務、行銷、設計等）

• **前線部門：**和營收有直接相關的部門或是可使公司獲利的部門，哪怕公司狀況再怎麼緊急，都不能請外包處理的部門（例如：銷售、技術）

而最近有一個不符合這種區分標準的部門，也就是執行長部門，例如以 Kakao Talk 執行長英文名字命名的「Brian Office」一樣，是制定公司策略方向的部門，雖然會花費公司的經費，工作內容卻屬於前線部門，無論公司面臨到多嚴峻的困難，這個工作都不能交給外包人員處理。

無論組織如何橫向變動，公司內部依然存在著垂直方向的職位。可以替公司帶來直接利益的組織是最有利的，因此前線部門的人可以得到更多的晉升機會，也會有更多職務調動的機會。

第二步　了解我的競爭力

如果我待的部門是後勤部門，那該怎麼辦？現在就要開始制定從後勤部門轉移至前線部門或戰略部門（執行長部門）的計畫才行。前線部門一定也會產生職缺，因為沒有任何一個團隊的組成是永恆不變的），總有一天會需要有相關經驗的人或透過內部招聘來填補該職缺，我們正是為了這個時刻做準備的。

我擁有的競爭力
- 很清楚公司內部制度
- 有公司內部人脈

現在，必須找出要再加強哪方面的競爭力才行。先去找你在前線部門的熟人，並在不會傳出謠言的底限內（最好是私底下），打聽那組的業務，找出我所擁有的能力中與其產生交集的能力。如果沒有業務和我所擁有的綜合能力產生交集，就必須另外在公司內部或外部學習，以確保能力與我想調動的職務業務有交集。由於公司有可能從外部招聘有相關經驗的人員，因此必須確保自己在公司內部獨有的競爭力。

第三步　尋找關鍵人物
如果公司並非透過正式的內部招募來補足職缺，就必須找出可以左右我是否調職的關鍵人物才行。可能會是誰呢？

- **人資部門**：負責分配職務的人員
- **欲調職的前線部門中，擁有人事權的領導階級**：如經理以上職級的人員

現在開始就要正式展開公司內部求職了，重要的是要持續地與握有調職鑰匙的關鍵人物交流，以便在出現內部職缺時成功調職。在公司內部調動頻繁的時期，如年末和年初，或有人要辭職時，都要密切關注職缺。

Q2
我並不是決策會議中的一員，等我升職後，就會好轉了吧？

在新創企業從事人資領域五年的三十歲後半讀者

令人悲傷的是，升職不能解決世界上所有的煩惱，即便升職後，也有可能會發生無法參與重要的決策會議的狀況，因此，你不該把升職看作是一張公司的免死金牌。

公司裡有一位已經當了十二年的經理，每次遇到事情時，他總是會說：「我又不是事業處處長，我沒必要提供意見。」像這樣自己畫地自限，只依據級別做自己份內該做的工作，可能就是上一輩所說的「不要出風頭」；但現在的社會卻很歡迎「願意挺身而出的人」。「願意挺身而出」是什麼意思呢？就算不是我負責的事情，也願意當成挑戰嘗試的態度，也就是具有創業家的精神，尤其參與決策會議的一份子就是能夠朝著垂直方向擴展業務的好方法，請挑戰看看。

第一步　了解會議的主辦形式

了解會議的主辦形式，並確定核心人物是很重要的事情。如果這場會議僅限受邀者參加，就是由主辦會議的這方建立與會者名單，此外，如果這場會議沒有邀請其他人，單由講者和決策者組成，那麼講者這一方中，撰寫簡報的人很有可能就是這場會議的關鍵人物，找出這樣的關鍵人物，並詢問他自己是否能參與會議。即便會議的關鍵人物在這場會議中沒有決策權，也可以詢問他是否可以參與會議或在一旁觀看，給予他協助。就算一開始是以旁觀會議的身坐在會議最後一排，像這樣循序漸進地參與會議也很重要。

第二步　掌握可能會發生的狀況

阻止你參與會議的，不是主辦會議這方或講者這一方的人，有很高的機率是你自己。從現在起，與其行動，設想一個糟糕的劇本來轉換思想更有用。「如果我去參加了一場我沒有受邀的會議，會出現什麼不好的狀況呢？」我建議你盡可能地從各個角度思考，構想出越多糟糕的劇本越好。

最糟的劇本
- 被趕出會議

- 沒被邀請參加下次會議
- 公司裡開始流傳說我是個怪人

為了回答這個問題，我也設想了最糟的劇本，並參加一場我沒有受邀的會議。為了驗證最糟的劇本是否會成真，我實際去參加了一場我沒受邀的、由 LG U+ 代表理事主辦的會議。我設想的最糟劇本有發生嗎？不，並沒有，我所設想的那些糟糕劇本都沒有發生。

實際發生的事情
- 沒有被趕出會議
- 原本就不會被邀請參加下次會議
- 公司裡並沒有流傳我是一個奇怪的人，發現人們根本不是很在乎我

我反倒學到了許多有用的內容，還受邀參與後續的會議，結果我參與了兩次會議。

第三步　掌握會議的目的

會議大致上可以分為三類，會議種類不同，重要的程度也不同，因此與其參與很多次會議，倒不如參與重要的會議。

- **傳達訊息型會議**：通常都是單方面傳遞資訊的會議，即便不參與會議，也可以透過會議紀錄和與會名單得知會議內容，在重要會議中，這種會議類型的比例不高。
- **決策會議**：以雙方溝通達成協議為目的的會議，在這種會議已不侷限在傳遞訊息，而是一個匯集組織意見的過程，以及最能發揮集體智慧的瞬間。在這種會議上，重要的不只是結果，如何得出這個結果也十分珍貴，在會議現場最能掌握實際狀況，遇到這種會議時，最好參加。
- **交流會議**：沒有特殊目的，進行交流的會議，這種會議也可以用一起喝茶聊天代替。根據會議對象不同，重要程度也不同，如果是和對往後業務有幫助的人進行交流會議，那重要的程度就很高，必須依據對象判斷重要程度，並積極參與。

想參與一個沒人邀請你的會議，就需要一些技巧。必須準時參與會議。會議前是最忙碌的時刻，與會者最專注在會議上，因此根本沒時間把沒參與會議的人趕出去，在會議開始後，如果不請自來的人又遲到入場，只會讓彼此尷尬，只要學會準確掌握會議開始那一刻進入會議的技巧，從今天就可以開始試試看了。好，加油！

Q3
我為什麼要這麼努力工作呢？
在國營企業從事招商支援領域五年的三十歲中半讀者

　　當我試圖在公司裡尋找我存在的價值時，那今後我就會持續被公司狀況或公司對我的態度左右，因此必須從根本上理解「我為何要工作」。

　　我為什麼要工作呢？一般來說，人們工作的理由通常有三個原因：經濟因素、獲得他人認可、自我成長。

　　無論有無其他業外收入，經濟因素都是傾向於尋求收入保障。有時，「想獲得他人認可」這個念頭就能成為工作的理由。人們通常會認為這種認可只存在於公司內部，但事實上也包含了公司外部人士的認可。自我成長就是變得比昨天的我更好，這也有可能是我們工作的理由。

第一步　經濟因素

　　大多數的受薪階級無論是拚命工作或不拚命工作，只要沒有犯下太大的過錯，就可以拿到薪水，也因此，沒有

非得在公司「努力」工作的理由，只要馬馬虎虎地「為了錢」工作就可以了。

第二步　為了獲取他人認可

而獲得他人認可則是相對的，只有我做得比別人更好時，我才可以獲取更多的認可。但五年後，曾經認可過我們的人還記得我們嗎？很強烈的認可說不定有可能會記得，但對大部分的人來說，「認可」只不過是公司內部稍縱即逝的緣分罷了，即便此時認可，也不過是暫時的罷了。

第三步　自我成長

即便沒有人認同，我仍舊認真工作是因為我是「為了自己」而工作的。今天、明天和五年後，唯一一個會陪在我身邊的人就只有「我」而已，我認可我的努力、愛我自己、感謝我自己，光憑這點就足以成為我們工作的理由了。總之，無論是否得到同事的認可、無論公司的情況如何，我今天也要「為了自己」竭盡全力工作。

第十一章

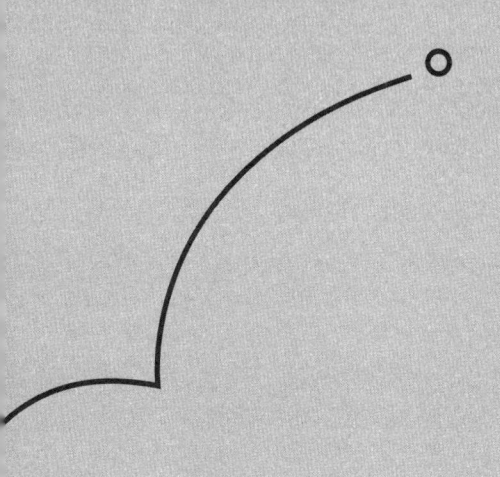

認可與薪水

Q1
我的薪水跟朋友相比太少了
在大企業從事製造領域十年的四十歲初讀者

薪資既是我成長的獎勵，也是體現公司對我認可程度的獎勵，無論再怎麼喜歡這份工作，如果薪資太低，一定會讓人失去動力，不過，依據領域不同、公司規模不同，薪資也一定會有所差異。但既不能跳槽到與先前工作領域完全不同的領域，也不能進入不會提拔我的公司，在現有的狀態下提高薪資的技巧大致可以分為三種。

第一步　尋找隱藏的薪資

我用尋找公司內部隱藏薪資的方法，在公司內部找到了一個專家津貼，讓我每個月加薪 10 萬至 30 萬韓元[23]。我擔任公司內部講師領取了津貼，雖然那份津貼對我的薪資影響不大，但至少可以補貼我一個月的咖啡錢。在公司內

23　約台幣 2300 到 7100 元。

部尋找隱藏的零碎薪資吧。

第二步　檢核年度評核

年度評核可以使年薪漲幅較大。公司的評核往往不是絕對性的，通常是相對性的，那如何才能在相對評核中拿到比別人更好的成績呢？

首先，就是去做他人討厭或逃避做的工作。公司裡有一些工作是他人討厭的工作，這種工作往往都是工作量很大卻看不出來的。試著挺身而出做這份工作。舉起手，主動提出你想做。

當我在 LG 健康生活工作時，我試著列出了他人最討厭的工作，我依據時間上的急迫性、需要處理的事情多寡排序這些工作。當我排列出這些工作後，就可以清楚看出每個人最討厭做的工作，其中有一個工作是「負責禮物套組」。在消費者製造產業中，每逢中秋節和春節都需要策劃禮物套組，但事實上，並沒有一個專門的職務在負責這項工作，經手的人不斷輪替，有時分配給這個人、有時又分配給另一個人。當時的我想獲得優良的評核結果，因此我舉起手大喊「我來負責禮物套組！」所有人都用一種「妳幹嘛要做這種屎缺？」的憐憫眼神看著我，但我卻因為做了這件事情，創下了空前絕後的銷售佳績，並得到上司認可，並獲得了最優良的評核結果。

第二，去尋找一件別人辦不到的事情，對我來說，那件事情就是「英文」。有一些人對於翻譯、口譯英文的工作十分棘手，但我利用了我的優勢，促成了韓國化妝品首次和羅浮宮博物館合作的創舉。我整理了趨勢調查資料，並在每個月進行趨勢報告。逐漸累積這樣的小技巧，就會成為一件「對別人來說很棘手，對我來說卻輕而易舉」的事情。

我目前也在公司組織讀書會，同時經營了 Trevira[24]，並與眾多領導階級組成讀書會，我在公司內部成了「讀書會第一人」，現在，甚至有人會把「讀書會」和「Elaine」畫上等號。試著像這樣，事先搶佔他人不易做到的事情。

第三，只要工作做得比別人好就可以了。一定有某些工作事你可以做得比別人更快、更多的，可能是銷售、可能是製作資料、也有可能是與其他團隊協作。無論是什麼事情，只要有一件你做得比別人更好一點的事情就可以了。雖然剛開始需要耗費兩倍、三倍以上的努力，但如果別人都會做的事情，我卻能做得更好呢？這是一個可以得到他人認可的捷徑，而這樣的認可也會成為好的評價結果回報予你。

---

24 為一種付費讀書會。

第三步　跳槽帶動年薪成長

薪資若想達到 10% 至 20% 的漲幅，要在公司待上三至四年才能實現，但跳槽卻能在短時間之內達成薪資漲幅。但請你捫心自問，現在是加薪重要還是在這間公司工作比較重要呢？如果你已經在這間公司擁有良好的評價、人脈和良好的聲譽，那當你成為高階主管時，你就可以回收你先前沒拿到的所有薪資。因此，你應該做出決斷，你此刻需要薪資立刻成長 10% 到 20% 嗎？還是要靜待日後的「致勝一擊（成為高階主管）」。

Q2
其他設計師比我更受他人認可
在中小企業從事設計領域五年的三十歲中半讀者

公司是一個看不見子彈的戰場,事實上,公司是一個只要不發動攻擊就會受損傷的環境。重要的是,我們必須理解他人比我們更受認可的原因,創造出可以超越他人的子彈。當你覺得你的工作量更大、成績也很好,卻無法得到他人認同時,就必須宣傳自己。

第一步　分析評價
分析為何他人得到更多的認可、更好的評價,無論是工作能力、個性或是人脈,你也可以聽聽他周遭的人對他的評價,也可以透過年度評核的內容確認。

• **工作能力**:速度快、工作量大、很會談合約、有企劃能力等

• **個性**:對每個人都很親切、和上司關係很好、關心下屬等

- **人脈**：很會在同期聚會中獲取資訊、經營公司內部的小型聚會等

第二步　檢查不足的部分
檢查我比不上他人的地方，這個步驟最好細分為工作能力、個性和人脈三個類別整理。

第三步　強調自己的工作能力
如果問題是出在個性和人脈，那其實問題並不嚴重，因為職場終究是工作做得好的人才能獲勝的戰場，很難光憑個性或人脈就受到他人讚賞，如果問題是出在個性和人脈，那就是假的問題，但要是問題出在工作能力，那就是真正的問題。

並不是每件事情的權重都相同，那麼，什麼樣的事情對公司更有份量呢？想在公司被他人認可你的工作能力，務必要記住三件事情。

第一，就是新的工作，重複的工作不太容易被人看到，但如果是舉行過去公司從未辦過的行銷活動、策劃公司首次教育或工作坊，就會十分受人矚目，撇開成果不談，光是替公司執行所需事情，挑戰精神就會受人認可。

第二，是困難的工作。每個人都會有覺得棘手的工作，但我所說的並不只是一部分人覺得困難的工作，而是

對大部分人來說都覺得困難的工作，必須做這種工作才可以得到認可。以我的經驗來說，需要和各個部門合作的工作就是代表性的例子，因為工作方法不甚明確，且需要耗費很多時間，光是安排就可以受到他人認可，不僅如此，同時和許多人合作也能一次性地讓許多人意識到我的能力。

最後則是「越快越好」，對任何事情都以最快的速度、毫不猶豫地自願去做。有時，我們會在工作降臨時，互相等待對方做出反應，結果卻被迫接受工作，在這種狀況下，無論你工作做得再好，都很難得到他人認可。「反正是因為沒辦法再拖下去，所以才做的吧？」只會被認為是個有責任感的人，但如果這件事情是非做不可的事情，請盡快自願去做，如此一來，無論這份工作最後是否真的落到你頭上，每個人都會記得你很積極這點。

Q3
我是否該推銷自己？
雖然這與我的個性不符

在新創企業從事開發領域五年的三十歲初讀者

為了與公司的同事競爭，必須宣揚我的能力才行。如果我不好意思宣揚我的優點，以為靜靜地等著總有一天就會有人發現，只專注做我的工作，終究只能在公司屈居二線，現在，我們必須順勢推銷自己。

首先，必須梳理一下我對推銷自己先入為主的成見、我對於推銷自己的哪一點感到不自在、這與我個性的哪個部分不符。推銷自己就是宣揚自己，雖然宣揚自己自古以來都很重要，但在目前的世代，自薦就是一種更積極的宣揚自己型態。過去，所有人都不太積極宣揚自己，我只要大概宣揚自己一下，就可以受人認可，但現在標準已經提高了，所有人都很積極地宣揚自己，並重視自己受到的認可。像以前一樣以消極的方式宣揚自己，等待他人認可已經落伍了。

第一步　釐清負面看法

首先，必須改變對推銷自己的負面印象。我們並不會認為替產品做品牌或行銷是一件壞事，反倒會覺得透過做品牌、行銷告訴我們原本不知道的事情是好事情吧？無論你喜不喜歡，推銷自己就是忙碌的職場生活中必不可少的「宣揚自己」、「宣傳自己」、「替自己打廣告」。如果公司裡有一個人推銷自己，人們就會不得不去關注那個人，而機會也會朝他而去。

第二步　釐清不愉快的部分

釐清推銷自己的三個要素：

什麼 What：拿已經做過的事情來推銷自己 vs. 拿未來要做的事情來推銷自己

誰 Who：向不熟的對象推銷自己 vs. 向我熟識的對象推銷自己

如何 How：用誇張的語氣推銷自己 vs. 用平淡的語氣推銷自己

在這三者中，最讓我感到不愉快的部分是什麼？最讓我覺得不愉快的部分不做也沒關係。對我來說是拿未來要做事情推銷自己，「這件事情我都還沒有完成，非得現在拿這種事情出來推銷自己嗎？」我產生了這樣的疑問。最

好專注在推銷自己擅長的部分，不要過度推銷自己沒有信心的部分。

第三步　掌握自我推銷的技巧

與其拿他人當標準，擔心「我的自我推銷超越我的同事了嗎？」不如和昨天的自己比較來得有效。如果你的推銷自己技術比昨天更進步了，就不需要著急，慢慢地增加推銷自己的強度就行了。

※制定行動計劃

宣揚自己也是一件相當耗費精力的事情，因為要不斷地與人見面、屢次向他人宣揚自己。

那麼，要如何才能使宣揚自己的效益提升至極限呢？我會專注在對關鍵人物宣揚自己，對在公司內部擁有完善人脈的關鍵人物宣揚自己，我的工作能力自然會廣為人知。

一般來說，認識很多不同部門、不同職級的人很有可能就是關鍵人物，與公司外部的人處得很好的人也算是。積極地向這些人宣揚自己，公司內不同部門、不同職級的人就會認識你，有關於你的好話就會傳開。

像這樣充分地宣揚自己，就可以形成「公司內部輿論」，也就是說，成功形成公司內部輿論，就可以搶佔公司內部大多數人認可。

Q4
每次評價都是 B 級，
我想成為被評價為 S 級的人才
在大企業從事品管領域五年的三十歲中半讀者

你對於評價有所誤解，你誤以為評價就是客觀、公正地評判我的工作能力。事實上評價也是由人做出來的，因此也有可能被低估或高估，但問題是實際能力被低估了。要怎麼做才可以防止被低估呢？

第一步　掌握我的能力
只要做得比昨天的我更好就可以了。我以為評價是我和同事之間的比較，但其實是「昨天的我」和「今天的我」之間的比較，我在評價某人時的標準也是如此。每個人都有自己獨有的能力，因此很難拿一個人和另一個人比較，然而，關鍵是「那個人的表現是否超出了我的預期？」我期待他展現出什麼樣的成果呢？期望值通常都是以一個人先前的能力為基準建立的，因此，倘若一某個人

和昨天相比，展現出了更優秀的能力，就表示他已經超出我的預期了。

第二步　了解我的態度

態度佔了90%。與工作綜技能相比，更重要的是態度。我之前曾問過領導階層的人：「態度很差但能力優秀的人才 vs. 態度很好但能力不足的人才，兩者要選擇誰？」他回答，如果一個團隊裡只有一個人，他偏好能力優秀的人才，但我們的團隊都是由許多人組成的，因此他認為態度好、善於和他人建立團隊合作關係的成員比較適合。

我在以前的公司曾遇過能力十分優秀，但態度消極、無法與他人共事的下屬。我曾安排他進特別小組，但不讓他進需要長時間共事的小組。因為團隊領導者的目標是拯救一個團隊，而非拯救一個人。

第三步　要被他人認定是組員

必須要讓他人相信你會在這個團隊裡待很久。一般來說，與即將離開的人相比，團隊的領導者會給予跟了自己很久的人較高評價，因為他對於待很久的人會有「他是我的組員」的印象。當然，你可能煩惱「我總有一天會離開，這樣不就是在騙人嗎？」但你不必太擔心，你的組長也不認為你會永遠待在這個組織裡，每個人都會來去去

的，他很清楚有這個循環，不過，還是需要抱持著自己會走得長久的心態、可以全心全意投入工作的組員。

Tip 什麼樣的話會使我成長呢？

雖然我要各位不要因為周遭人的認可或評價而有情緒起伏，但所有人都還是會接收到周圍的聲音，無一例外。阿德勒心理學的先驅者岸見一郎曾在《不斥責、不讚美、不命令，工作竟然變順利》一書中提到：人類是軟弱的，若是無法受到他人認可，就無法認可自己的價值。但他也在書中提到，即便如此，人還是不能被他人的話語左右，必須獨立。必須先找出對我而言最重要的認可是什麼，並從他人那裡求得認可，最終你就能認可自己，這就是通往獨立以及成長的道路。

第一步

你最喜歡什麼樣的反饋？列出那個反饋，並整理出「我想要得到什麼樣的反饋」。

反饋1 你真的很努力，所以才會獲得好的結果。
反饋2 對許多工作都負責到底的模樣很了不起。
反饋3 判斷力很好，所以企劃能力也很好，點子很棒。

請在這三者中選出最喜歡的反饋。供參考，在三者之中，我個人最喜歡「我真的是個很努力的人」。

第二步

我做什麼事，可以得到我想要的反饋呢？列出可以得到這種反饋的狀況，並創造出可以獲得這種反饋的狀況。根據工作或對象不同，可能會有所差異。

第三步

請告訴身邊的人我喜歡什麼樣的反饋，也可以直接告訴上司「你說我的點子很棒激勵了我。我整理出這個計畫書，請你過目」。很多時候，人們雖然想給你好的反饋，卻因為不知道你喜歡什麼樣的反饋，所以給不出你想要的反饋。

第四步

現在，請你創造出一個可以提供自己反饋的狀況。請對自己說。「我是○○○的人」、「我是擅長○○○的人」、「我是可以讓○○○成功的人」再加上自我暗示，往後就會展開行動，以滿足上述內容。

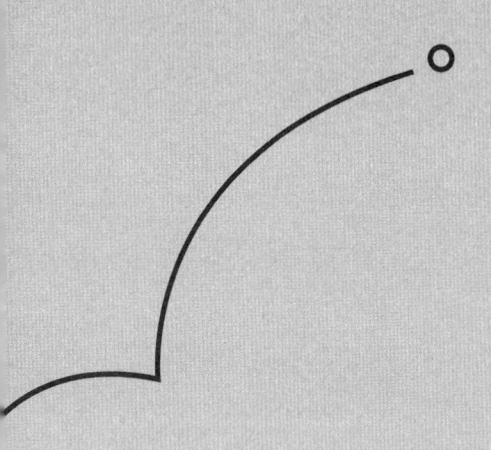

第十二章

人際關係與領導能力

Q1
我跟組長太不合了
在中小企業從事技術領域五年的三十歲中半讀者

在一段關係中，有三個重要的因素：時間、地點以及主題，改變時間和地點時，關係就會產生變化。

第一步　改變時間
人與人之間的關係需要充分的時間才能改變，當彼此互相討厭的程度超過臨界點時，也會稍有緩解。喜歡某人也是如此，即便你再怎麼喜歡某人，一旦過了臨界點，這個人好感增加的幅度就會逐漸趨緩。有句玩笑話說「愛情的賞味期只有三個月」，這句話適用於任何關係。因此，就算你再怎麼討厭這個人，討厭他的情緒也不會與日俱增，總有一天會逐漸趨緩，這一天一定會到來。

第二步　改變地點
當地點產生變化時，關係也會出現變化。假設你只

能在辦公室、會議地點見到某人，你和某人之間的關係也很難產生太大的變化。因此，必須練習和討厭的人一起用餐、喝下午茶等，最好跳脫出公司這個場所，可以到郊外更好。如果可以在公司以外的場所和這個人進行交流，我和這個人的關係就有可能變得不同。

第三步　改變主題

最後，則是需要一個新的主題。當我們只在公司談論公事時，很難期待我們之間的關係會產生什麼樣的變化。除了公事以外，還需要其他可以進行交流的主題，我推薦從輕鬆的休假故事、家庭故事、育兒故事切入，再繼續聊到在公司內的煩惱、目前團隊遭遇的困難等。當三者串連起來時，關係就會出現變化，還有，只要你可以記住他所說的話，你就可以扭轉這段關係。

※制定行動計劃

投注了這麼多的時間和心力，關係當然會改變，但對於那些沒辦法耗費太多時間改變人際關係的人來說，我再另外介紹三個捷徑。

- **稱讚他吧！**

我們經常誤會一件事情，稱讚並不是拍馬屁，稱讚對

方未曾付諸努力的事情才叫拍馬屁;相反地,稱讚對方付諸努力的事情才是稱讚:「你表現得很好」、「你好像花了很多心力」等並不是拍馬屁,而是出自於關心的稱讚好例子,只要告訴他這些事情,就可以讓提升他對你的好感。

- **「這也難免」魔法**

世界上所有人都以不同的價值觀度日,因此每個人總有一些無論對話過多少次、無論再怎麼努力都無法理解的想法深植心中。就算是再怎麼討厭的人,也可以試著想想「那個人會這樣也是難免的,他應該也有他自己的原因吧」,只要你能盲目地理解對方,關係就能朝著好的方向發展。

- **逃跑吧!**

如果你真的跟組長關係很不好,無論你做出了多少努力都無法改善關係,讓你壓力越來越大的話呢?此時,就得逃到別的組別或別的公司,你不需要正面迎擊人生中每件事情,偶爾必須逃跑才能活命,先保護好自己吧。

Q2
隔壁組的組員被職場性騷擾了
在大企業從事企劃領域四年的二十歲後半讀者

我在輔導職涯的過程中,也有幾位因為幾年前遭遇性騷擾而飽受痛苦的人,他問了我三個問題。

「我是否應該把性騷擾的內容公諸於世呢?雖然我希望那個人受到懲罰,但我很擔心他日後會報復我或對我懷恨在心。」

「人們要我把這件事情公開,尋求安慰,但這件事情對我來說還是非常難受。我覺得很羞恥,也認為感到羞恥的自己十分可悲。」

「我要如何才能擺脫這股痛苦?」

第一步　承認狀況
首先,你必須切記,你要求的東西是合理的。性騷擾被害者通常都會希望能得到加害者反省、道歉以及防止再次發生相同事件的防範措施。在認知心理學中,通常會以

「反省⇒道歉⇒防止再次發生」依序進行，但我們可別忘了，加害者並不是普通人，就算他道歉，他也不是基於反省這個前提之下才道歉的，也就是說，就算能防止再次發生，也不會是在基於反省和道歉的前提之下，因此，把「反省」從要求清單中刪除有益於心理健康。

性騷擾的場所是在公司，加害者才可能會向被害者道歉，因為只有道歉才可以在公司繼續工作。韓國公司內部有「紅字」機制，會規範曾做出性騷擾行為的人數年，有許多公司都有五年左右的「三振出局制」，若想繼續工作，就不能再犯。

第二步　向專家諮商

公開或不公開這個事件完全取決於你，性騷擾就像一場突如其來的意外，如果你是一個可以透過分享在自己身上發生的事情來療傷的人，我希望你可以跟越多人分享越好，但如果不是，我希望你能獨自療傷，當然，我還是推薦你去做心理諮商。

第三步　專注在我的生活

不好的回憶並不會突然消失，雖然可能逐漸變得模糊，但偶爾也會突然浮現。人的心理就是這樣，無論是好的回憶或是壞的回憶，都會日漸模糊。但你不能讓那些回

憶緊緊纏著你不放，你必須一點、一點地擺脫，過出你的生活。

　　任誰都不可能只經歷好的事情，人生就是如此，未來只要專注在遇到善良的人、累積美好的經驗，就能加快遺忘那件事情的速度。我希望你能盡快擺脫陰影，盡快好起來。

Q3
我提過許多團隊內的問題，卻還是沒有改變

在中小企業從事教育領域七年的三十歲後半讀者

　　組織是不會輕易改變的，因為我們常說的「老屁股」長期佔據職位，他的職級越高，想法就越不容易改變。如果不離開組織，就需要持續把遇到的問題具象化，人們在看到過程和結果時會受到更大的刺激，首先，先記錄組織的問題為何、提過多少問題，接著嘗試改變，並檢查組織變化的程度。

第一步　紀錄過程
　　紀錄何時、如何、向誰嘗試了什麼，重要的是紀錄的越具體越好。

- **何時**：5/24 部門間會議的休息時間
- **如何**：口頭，10 分鐘
- **向誰**：某某人資組長

- **什麼**：因為上司沒有做出決策，所以組員們都對於新事業開發置之不理。

具體例子就是阿爾發特別小組，提到了某某組員：

- **根據**：與組員面談時，多次聽到「我遭遇到了我進公司以來最艱難的時期，正在認真考慮跳槽」

第二步　整理結果

紀錄每一個事件帶來的影響，就算影響再小，具體紀錄下來也很重要。影響程度分為四個等級。

- **影響程度等級四**：有影響，預計幾天內會產生變化
- **影響程度等級三**：應該有影響，預計一個月內會產生變化
- **影響程度等級二**：應該沒有影響，預計幾個月內可能會產生變化
- **影響程度等級一**：沒有影響，一年以內可能會產生變化，但機率非常小

第三步　反覆反饋

為了再次使用具有影響力的反饋方式，重新制定計劃非常重要。在影響程度大時尋找共通點，一般來說，具有公信力（人資、電子郵件等）時，影響程度大的機率也很

高。要繼續紀錄和反覆反饋，以便持續傳達影響力。

在公司的事情中，沒有什麼事情是絕對不會變的，只是變化得比較慢而已，就像最近流行的一句話：「最重要不過就是不屈不撓的心罷了」，只要我不放棄，我就能帶來變化。因此，為求更劇烈的變化，持續紀錄和嘗試是十分重要的。

Q4
職業婦女該如何掌握工作與生活的平衡？

在大企業從事品牌行銷領域十年的三十歲後半讀者

　　首先，釐清對於工作與生活的錯覺十分重要。「工作與生活可以達到完美的平衡」是錯覺，這個世界上沒有完美的工作與生活平衡，無論問誰這個問題，都不會有人說自己工作和生活之間平衡很完美。我曾向我見過的數百名領導階級人員問過工作與生活平衡的問題，但他們沒有任何一個人回答自己正在守護兩者之間的平衡，必須先適當地妥協，並接受還算過得去的工作和生活平衡。

　　認為工作和生活各自獨立是一種錯覺，兩者是交織在一起並互相影響。最糟糕的工作會有良好的生活嗎？最糟糕的生活存在著良好的工作嗎？工作和生活之間，必須犧牲其中一種才可以達到工作和生活平衡是一種錯覺。我很常看到有人專注在工作上，推遲此刻的幸福，推遲結婚、推遲休假、推遲和家人相處的時光。如果推遲一切，把工

作擺在第一順位,就會出現「補償心理」,想從我推遲的事物中獲得補償,就會做出平常不會做的事情,若是無法獲得他人認可,就會迅速引發強烈的愧疚感,讓自己快樂起來才能防止這樣的惡性循環。首先,必須鞏固「我」這個人,才可以顧及工作和生活。該如何平衡工作和生活呢?

第一步　徹底專注

想平衡工作和生活,就需要隨時保持徹底專注。我以前有一個同事,在公司時擔心家裡的事情、在家裡時擔心公司的事情。在公司上班時也可以看出他花費過多時間在處理家事,就連一個小時的會議時間,他都無法專心開會,忍不住處理家事,導致同事們開始發現他工作不專心,開始避免與他交談、共事。

第二步　保持彈性

想達成工作與生活平衡,就需要時時刻刻保持彈性。在我們的人生中,有時會出現工作比較重要的時刻,有時生活又會變得比較重要。以在公司工作來說,進入重點特殊小組或進行重要發表時,就是工作重要的瞬間;而家人之中有人生病或開始籌備結婚、準備生產之類的事情時,則是生活重要的瞬間。如果把「無論發生什麼情況,我永遠把工作擺在第一位」視為理所當然,不僅無法照顧家

人,連我自己也會變得不幸。

第三步　準備對策

必須制定應對緊急狀況的計畫才行。生活中會遇到許多緊急狀況,無法預測的孩子健康狀況等就屬於這類狀況,此時就需要能夠應對緊急狀況的 B 計畫才行,要是我無法到場,那就必須讓我的先生可以到場;如果我是我先生的 B 計畫,就必須告知上司、同事如果發生這種情況時,我不得不離開。

職場生活和團隊合作中最重要的就是消除「無法預測」。不久前,教育訓練組的一位組員問組長「在工作時間看線上課程 vs. 乾脆直接前往培訓中心聽完課再回來」兩者之中是否更討厭後者,但組長的回答卻出人意料之外,組長說他更願意去現場聽課。原因就是去聽事先安排好的課程是屬於可以預測的範疇,但對於上班上到一半突然被叫去參加線上課程是屬於無法預測的範疇。因此,必須積極地讓組員們知道目前育兒的狀況,以免之後發生聽到他們說「怎麼這麼突然」。

Q5
團隊中只有我一個人是女性，覺得很孤單，我該如何和他人相處？

在中堅企業從事營運領域五年的三十歲中半讀者

認同感之所以神奇，是因為認同感是相對的。我在國中二年級時去美國留學，在那裡經歷過相對的認同感、弱勢團體之間的團結。「認為我們不一樣」的中國人、日本人，也形成了一個「少數族群」的小團體。以下我將依據我的經驗，分享在團體中獲得認同感的方法，需要三個要素。

第一步　共同目標

共同目標可以讓來自不同背景的人團結在一起，目標越艱鉅，團隊之間的向心力就越強大，原因是簡單的事情只要一、兩個人就能達成，但困難的目標需要更多人或所有人合力、達成協議才辦得到。

2008年，我受命在中國推出愛茉莉太平洋旗下一個品

牌：赫姸（HERA）。當時的我就像是個「資深新人」般的存在，而其他的成員都是透過公開招募進入公司的員工，我則是在受訓時期，沒有公開招募就被某小組接納，即便他們排擠我，我也絲毫不會感到驚訝。但當被賦予重大的任務後，人們就是因著「必須完成這個任務」的共同目標集結在一起，而非出身或所屬。你會擔心自己和他人的所屬不同、出身不同，就表示你還沒有設定好目標。

第二步　同理心

同理心並不是同情，在殘酷的職場中，一定會遇到彼此互不理解的團隊，此時，就必須執行「同理心」活動。我先問你一個問題：「某個組員覺得工作很困難時，要怎麼展現同理心？」大多數的人要麼否定、要麼提供解決方案、要麼莫名地覺得抱歉。否定的人會說「這有什麼困難的？」否定了他覺得困難的想法；提供解決方案的人則是會說「要不要我幫你？」、「把這件事情交給其他組做」但這種話並不能給予對方安慰。當事者可能已經花費更多時間、更深入地思考過這個問題了，並不是因為想不出解決辦法，或沒設想到這些過程才會說出這件事情很困難，甚至還有人會說「對不起，這件事情是我該做的」。

這些都不是同理心，同理心是承認「覺得這件事情很困難也是有可能的」。只要能理解對方覺得煎熬的情緒，

他就能得到安慰。如果組員能像這樣同理彼此、互相依賴，就可以獲得力量，這就是團隊合作。

第三步　共度時光

共度的時光越長，團隊意識就越強烈。不久前，我和公司裡的同事聊聊建立內部團體有多困難。大家都激動地表示我們一同經歷過許多事情，並能透過這些經驗成長、成為一個群體。共度許多時光的人，就會形成共同體。請不要因為性別或年齡就先入為主地認為自己不適合這個團隊，這樣才有益於達成共同目標，公司也會覺得十分感激。

> **Tip** 繪製人際關係圖

• **新人、主任級別**

第一步　紀錄與我交流的人
請你以自己為中心，寫下一個月內曾與你交流過的所有人的名字，就算只有 1 小時也要寫下來，也可以放上那些人的照片列成清單，將資訊圖像化，可以在腦中留下清晰的記憶。

第二步　將與我交流的人分組
將所列出的人分組。找出共通點，並將這些人分在同一組，共通點通常變成這組人的名稱。以我為例，我會分為「Trevari 組」、「大學同學早午餐組」、「CJ 組」等，並將這幾個組別分別命名、將其圖像化。

第三步　繪製未來人際關係圖
請畫出未來一年以及三年後的「未來人際關係圖」。未來想減少交流的人際關係是什麼呢？想增

加交流的人際關係又是什麼呢？如果你不知道該如何取捨人際關係，就思考一下你未來的目標。需要建立什麼樣的人際關係才能達成未來的目標呢？

• **課長以上**

第一步　繪製領導圖
列出會直接或間接影響我的領導階級人員，以及我會影響到的領導階級人員，所有上下級關係接包含在內。

第二步　以我為中心列表
把自己放在中心，重新列表，並用顏色劃分出他們對我好影響與壞影響。

第三步　繪製未來的領導圖
試著勾勒出今後夢想的領導圖，是向上擴散呢？還是向下擴散呢？繪製領導圖可以明確地整理出我想影響的方向，也能釐清自己如何才能產生這種影響。

高寶書版集團
gobooks.com.tw

RI 400
年薪翻倍的向上轉職法：六個讓你從 B 級到 S 級越來越值錢的職能心法
무브 업 Move Up

作　　者	Elaine Sung（성일레인）
譯　　者	陳汶綉
責任編輯	吳珮旻
封面設計	林政嘉
內頁排版	賴姵均
企　　劃	陳玟璇
版　　權	劉昱昕

發 行 人　朱凱蕾
出　　版　英屬維京群島商高寶國際有限公司台灣分公司
　　　　　Global Group Holdings, Ltd.
地　　址　台北市內湖區洲子街 88 號 3 樓
網　　址　gobooks.com.tw
電　　話　（02）27992788
電　　郵　readers@gobooks.com.tw（讀者服務部）
傳　　真　出版部（02）27990909　行銷部（02）27993088
郵政劃撥　19394552
戶　　名　英屬維京群島商高寶國際有限公司台灣分公司
發　　行　英屬維京群島商高寶國際有限公司台灣分公司
法律顧問　永然聯合法律事務所
初版日期　2025 年 04 月

무브 업 (Move Up)
Copyright © 2023 by 성일레인 (Elaine Sung)
All rights reserved.
Complex Chinese Copyright © 2025 by Global Group Holding. Ltd
Complex Chinese translation Copyright is arranged with Dasan Books Co., Ltd
through Eric Yang Agency

國家圖書館出版品預行編目（CIP）資料

年薪翻倍的向上轉職法：六個讓你從 B 級到 S 級越來越值錢的職能心法 = Move up / Elaine Sung 著；陳汶綉譯 .--初版 .-- 臺北市：英屬維京群島商高寶國際有限公司臺灣分公司, 2025.04
面；公分 .--（致富館；RI 400）
譯自：무브 업
ISBN 978-626-402-215-6(平裝)
1.CST: 職場成功法
494.35　　　　　　　　　　　　114002489

凡本著作任何圖片、文字及其他內容，
未經本公司同意授權者，
均不得擅自重製、仿製或以其他方法加以侵害，
如一經查獲，必定追究到底，絕不寬貸。
版權所有　翻印必究